『十四五』时期国家重点出版物出版专项规划项目

中国经济作物种质资源丛书／特色果树种质资源系列

中国五味子种质资源

艾军　王英平　等◎著

中国农业出版社

北　京

著者名单

艾　军　　王英平　　王振兴

孙　丹　　石广丽　　刘晓颖

许培磊　　郭建辉

前　言

五味子 [*Schisandra chinensis* (Turcz.) Bail.] 隶属于五味子科，五味子属，少蕊五味子亚属，其干燥浆果商品习称北五味子，为我国大宗道地中药材。《神农本草经》中记载："五味子益气，主治咳逆上气，劳伤羸瘦，补不足，强阴，益男子精。"现代医学证明五味子中的木脂素成分有抗癌、抗艾滋病等多种生物活性。五味子除药用外，还可用于生产果酒、果酱、果汁饮料和保健品等，市场应用前景非常广阔。

早在20世纪40年代苏联就对五味子进行了驯化栽培，开展了五味子的生物学特性、生态学特性及栽培技术的研究。我国开展五味子由野生变家植的驯化栽培始于20世纪60年代，系统地开展了五味子的生态调查、种质资源收集、保护、评价、品种选育及栽培技术的研究。五味子的驯化栽培至今已有近80年的历史，这与人类上万年的植物资源驯化栽培史相比不过是短短一瞬，但对于从事五味子资源研究的科研工作者而言却是几代人的不懈努力、艰辛汗水和丰硕的成果。

辽宁中医学院、中国农业科学院特产研究所、黑龙江省林副特产研究所等单位，在我国五味子驯化栽培领域开展了大量的工作，使五味子无性繁殖技术、种质资源评价及新品种选育、规范化栽培等关键技术不断取得突破，为五味子栽培产业的快速发展奠定了坚实的基础。

2004年笔者参加了"国家自然科技资源平台项目——药用植物种质资源评价、描述及示范研究"，经系统研究和总结，制定了《五味子种质资源描述规范和数据标准》，在研究中发现，五味子种质资源的遗传多样性远较经典文献记述得更加丰富。以此为契机，在继承前人研究的基础上，加强五味子种质资源保存方法、无性繁殖技术、栽培模式、病虫害防治、抗逆性评价及种质创新领域的进一步深入研究，取得了一定的成果，并积累了大量的图片资料。经过系统整理，编著成书，希望能够对五味子种质资源的收集、评价及利用工作起到一定的借鉴和指导作用，并对前人的经典文献有所补充和提高。

在资料收集过程中得到韩国农村振兴厅韩信熙研究员、吉林农业大学朴向民副教授的大力支持，团队研究生张苏苏、荣涵在资料整理过程中也做了大量工作，在此一并表示感谢。限于水平及时间，不妥之处在所难免，敬请同行及读者批评指正。

本书中主要病虫害及防治部分所提供的农药符合国家相关文件的规定，使用浓度及施用量，会因生长时期及产地生态条件的差异而有所变化，故仅供参考。实际应用以所购产品使用说明为准。

著者　艾军

2021年8月

目　录

第一章 概 述

　　五味子属植物下隶多蕊五味子亚属、中华五味子亚属、团蕊五味子亚属、重瓣五味子亚属、五味子亚属和少蕊五味子亚属，全世界共有32种、约6变种，我国独有或中心分布21种、5变种（刘玉壶，1996、2002）。五味子[*Schisandra chinensis*（Turcz.）Bail.]隶属于少蕊五味子亚属，主要分布于我国的黑龙江、吉林、辽宁、内蒙古、河北、山西、宁夏、甘肃、山东等省（自治区），日本、朝鲜半岛及俄罗斯远东地区也有分布。我国的长白山脉、大小兴安岭以及河北与辽宁相邻区域是五味子的主要分布区（孙成仁，1993；胡里乐等，2012）。生于海拔100～1 700m的湿润山坡、沟谷的杂树林中或林缘、疏林、灌丛间，攀附于灌木或乔木上（图1-1至图1-6）。伴生植物主要为：水曲柳（*Fraxinus mandshurica* Rupr.）、紫椴（*Tilia amurensis* Rupr.）、色木槭（*Acer mono* Maxim.）、黄檗（*Phellodendron amurense* Rupr.）、胡枝子（*Lespedeza bicolor* Turcz.）、榆（*Ulmus pumila* L.）、榛（*Corylus heterophylla* Fisch.）、白桦（*Betula platyphylla* Suk.）、山杨（*Populus davidiana* Dode）、胡桃楸（*Juglans mandshurica* Maxim.）、落叶松（*Larix olgensis* A. Henry）、蒙古栎（*Quercus mongolica* Fisch. ex Ledeb）、接骨木（*Sambucus williamsii* Hance）、东北山梅花（*Philadelphus schrenkii* Rupr.）、鸡树条荚蒾（*Sambucus williamsii* Hance）、刺五加[*Acanthopanax senticosus*（Rupr.et Maxim.）Harms]、山丁子[*Malus baccata*（L.）Eorkh.]、稠李（*Prunus padus* L.）、卫矛[*Euonymus alatus*（Thunb.）Sieb]等（郑太坤，1980）。

　　五味子的果实自古入药，始载于《尔雅》，曰："菋、荎藸。"《神农本草经》始称五味子。苏恭在《唐本草》中做了详细的解释："其果实五味，皮肉甘、酸，核中辛、苦，都有咸味，此则五味俱也。"以干燥成熟果实入药，因其甘、酸、辛、苦、咸，五味俱全，故名五味子。《神农本草经》中记载："五味子益气，主治咳逆上气，劳伤羸瘦，补不足，强阴，益男子精。"《药性本草》中记载："五味子能治中下气，止呕逆，补虚痨，令人体悦泽。"明代药学家李时珍在《本草纲目》中有："五味，今有南北之分，南产者色红，北产者色黑，入滋补药必用北产者乃良"之说，从果实的商品性及药效方面将五味子作以分类。"南产者"主要指华中五味子（*Schisandra sphenanthera* Rehd. et Wils.）的干燥果实，商品习称"南五味子"；"北产者"即五味子[*Schisandra chinensis*（Turcz.）Baill.]的干燥果实，果色较深、个大、肉厚、味浓，主产于黑龙江、吉林、辽宁、内蒙古及河北北部，商品习称"北五味子"。从20世纪50年代开始，中国、苏联等国家的学者运用现代科学方法做了大量研究，证明五味子可以降低肝炎患者血清中谷丙转氨酶，治疗肝脏的化学毒物损伤；使人视力和听力更加敏锐；与人参具有相似的"适应原"样作用，能增强机体对非特异性刺激的防御能力，提高机体的工作效能；使低血压患者血压升高，但不会使正常血压升高；影响大脑皮层的兴奋和抑制，改善人的智能并增强记忆力；增强肾上腺皮质功能，促进心脏的活动；五味子中的木脂素成分有抗癌、抗艾滋病等多种生物活性功能。五味子除药用外，还可用于生产果酒、果酱、果汁饮料和保健品等，应用前景非常广阔（艾军，2014）。

　　五味子在日本、韩国、俄罗斯的药典中皆被收录（Han SH，2019），作为药用植物的功能在世界范围广为人知。日本、俄罗斯及韩国都有食用五味子及利用五味子治病的传统。传说日本的阿伊努人从古代就生食五味子果实和利用五味子藤蔓煮水治疗眼疾和感冒。在韩国有用干燥五味子果实做五味子茶的传统；俄罗斯远东地区的居民利用五味子干果泡酒和把五味子枝蔓放入红茶中饮用。苏联从20世纪40年代起就开展了五味子的生物学特性、生态学特性及栽培技术的研究，在研究的过程中发现不同区域不同五味子的叶片、果实、花期等性状存在很多变异类型，并认为由于五味子存在许多类型，有利于育种家选育五味子优良品种（特列古波夫，1959）。全俄瓦维洛夫作物科学研究所远东试验站是俄罗斯保存远东地区抗寒果树种质资源的主要机构，该试验站收集保存五味子种质资源65份，并开展平均穗重、可溶性固形物含量、单株产量等性状的评价工作，选育出4个五味子株系（张睿，2015；林兴桂，1993）。俄罗斯的五味子只有少量的人工栽培，未见大面积栽培的报道。在日本，五味子主要分布于本州中部以北及北海道地区，日本虽然有五味子的自然分布，但其五味子原料主要从中国进口，除作为汉方药原料外，还作为化妆品、洗浴用品、保健品的原料，需求量较大。推进日本本土五味子人工栽培日益受到重视，主要开展了野生五味子的生态环境及开花结实特性等的调查研究工作（山口阳子，1990，1991；荒濑辉夫，2017），未见关于五味子种质资源收集、评价及大面积栽培的报道。韩国全罗北道的长水郡从1979年就开展了五味子人工栽培的试验，并取得了成功。该郡从五味子的野生群体采集种子，从实生后代中筛选优良植株作为母株繁殖苗木用于生产，并推广到全韩国。2015年该郡栽培五味子324hm^2，产量80.6万kg，占韩国总产量的12%（Choi SI，2015）。2010年，韩国全罗北道农业技术院通过集团选种选育出的五味子品种清纯，并以其实生后代在全罗北道推广。韩国国立园艺特作科学院从2014年开始收集保存了韩国不同地区的野生五味子资源及栽培实生单株154份，并对其中的124份资源开展了果实性状、抗氧化活性、功能性物质的评价，筛选出优良种质资源29份，其中果实性状较优异的种质资源3份，抗氧化活性及功能性物质较优异的种质资源3份（Han SH，2019）。

　　我国系统开展五味子种质资源栽培利用研究始于20世纪60年代，1963—1965年，辽宁中医学院的郑太坤等人对辽宁省凤城、宽甸、本溪、桓仁等地区的代表性五味子生长环境进行了定点观测，摸清了野生五味子的生物学特性及生态学特性，认为五味子在土壤肥沃、通风透光、湿润而有适宜的自然支架的条件下，开花结果多，产量高（郑太坤，1980）。我国的五味子栽培利用是从野生资源的人工管护或利用自然活支架栽培开始的（李景会等，1980；郑太坤，1979），后逐渐发展到利用水泥柱等建立不同架式进行规范化栽培（彭晓兰等，1989；秦岭，1992；艾军，2014），产区基本通过采摘本地野生五味子的种子进行实生育苗，直接栽培利用。进入21世纪，五味子的人工栽培迎来了一个快速发展期，到2009年全国的五味子栽培面积达到1.0万 hm^2（李亚东，2016）。刘清玮（2009）等研究五味子园内不同实生植株的产量及果实性状，发现各性状均有较大变异，变异系数为16.29%～65.45%，表明实生苗建园不同单株之间产量及品质均存在较大变异。收集五味子优异种质资源，选育优良品种，开展良种化建园对五味子产业的规范化发展具有重要意义。

中国农业科学院特产研究所等单位自20世纪90年代，就开展了五味子种质资源的收集与评价工作，收集五味子种质资源200余份，并制定《五味子种质资源描述规范和数据标准》。艾军等（2011）对五味子种质资源果实性状评价表明，五味子种质资源果实各质量性状均存在较大变异，果实颜色为黄白色、粉红色、红色、紫红色以及深紫色的连续变异，五味子果穗重、果粒重等数量性状及不同药效成分含量也存在较大变异，且各性状之间存在一定的相关性，并筛选出了多份优异五味子种质资源。筛选的大穗五味子种质资源的平均单穗达38.6g，高药效成分种质资源的五味子醇甲含量达到1.13%，是《中华人民共和国药典》规定含量的2.83倍，这些优异资源的选育成功，为五味子新品种选育奠定了基础。此外，还开展了五味子种质资源雌花心皮数的变异研究，五味子种内雌花心皮数存在较大变异，变异系数为14.33%，种质平均心皮数19.5～44.0，可作为五味子种质资源收集、评价及品种选育的重要指标（艾军等，2007）。中国农业科学院特产研究所通过资源收集并经系统评价，选育出红珍珠、嫣红、金五味1号3个五味子新品种（李爱民等，2000；王振兴等，2014；孙丹等，2020），标志着五味子栽培从实生苗建园向品种化建园的转变成为可能。

我国在五味子科的分类系统及演化趋势研究等领域开展了大量的工作，《中国植物志》第三十卷第一分册在对五味子科植物进行系统分类的基础上，详细描述了不同物种的枝条、叶片、花朵、果实等器官的形态及数量性状指标，对五味子种质资源的鉴定、评价具有很好的借鉴作用（刘玉壶，1996）。从1963年开始五味子资源的栽培利用研究，我国五味子资源的研究利用工作已经走过了近60年的漫长历程，经过多家单位、几代人的不懈努力，在五味子种质资源收集、保存、评价、利用等方面均取得较大进展。2004年我们参加了"国家自然科技资源平台项目——药用植物种质资源评价、描述及示范研究"，经系统研究和总结，制定了《五味子种质资源描述规范和数据标准》，在研究中发现，五味子种质资源的遗传多样性远较经典文献记述得更加丰富。我们在继承前人研究的基础上，还在五味子种质资源保存方法、无性繁殖技术、栽培模式、病虫害防治、抗逆性评价及种质创新领域取得了一定的成绩，经过系统整理，编著成书，希望能够对五味子种质资源的收集、评价及利用工作起到一定的借鉴作用，并对前人的研究工作有所补充和发展。

图1-1　五味子种质资源自然生境（疏林地）

图1-2　五味子种质资源自然生境（林缘）

图1-3　五味子野生资源——老蔓

图1-4　五味子野生资源——植株

图1-5　五味子野生资源——开花状

图1-6　五味子野生资源——结实状

第二章 五味子的植物学特征

植物的根、茎、叶、花、果等器官的表型特征与其栽培特性、丰产性、稳产性及抗逆性等密切相关，是种质资源鉴定、评价的重要性状。五味子为落叶木质藤本植物，新梢顺时针缠绕攀附于其他伴生植物，以扩大树冠来满足其生长所需的光、温、水、气等条件。五味子具有特化的器官地下横走茎，还具有枝蔓柔弱、雌雄同株异花、穗状聚合浆果等特性，这些特性体现了五味子有异于其他物种的主要区别。五味子种下不同个体间特定性状也存在丰富的遗传多样性，为五味子种质资源的收集、评价、种质创新及新品种选育等提供了更多的可能。

一、根系

1. 根系的种类

（1）实生根系 实生根系由种子的胚根发育而成。种子萌发时，胚根迅速生长并深入土层中而成为主轴根。数天后在根颈附近形成一级侧根，最后形成密集的侧根群和强大的根系。五味子实生苗的根系与其他植物一样由主根和侧根组成，由于侧根非常发达，所以主根不明显。

（2）茎源根系 茎源根系是指五味子通过扦插、压条繁殖所获得的苗木的根系，以及地下茎上发出的根系。因为这类根系是由茎上产生的不定根形成的，所以也称不定根系或营养苗根系。茎源根系由根干和各级侧根、幼根组成，没有主根。

2. 根系形态 根系（图2-1）具有固定植株、吸收水分与矿物营养、贮藏营养物质和合成多种氨基酸、激素的功能。五味子的根系为棕褐色，富于肉质，其皮层的薄壁细胞及韧皮部较发达。成龄五味子实生植株无明显主根，每株有若干条骨干根，粗度3mm以上的根不着生须根（次生根或生长根），可着生2mm以下的疏导根，粗度2mm以下的疏导根上着生须根（艾军等，2000）。

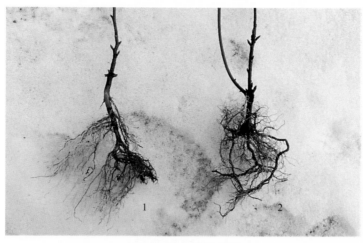

图2-1　五味子的根系
1.实生根系　2.茎源根系

二、枝蔓

五味子为木质藤本植物，其茎细长、柔软，需依附其他物体缠绕向上生长。地上部分的茎从形态上可分为主干、主蔓、侧蔓、结果母枝和新梢，新梢又可分为结果枝和营养枝（图2-2）。

图2-2　五味子茎的形态
1.主蔓　2.结果母枝　3.结果枝　4.营养枝

　　从地面发出的树干称为主干，主蔓是主干的分枝，侧蔓是主蔓的分枝。结果母枝着生于主蔓或侧蔓上，为上一年成熟的一年生枝。从结果母枝上的芽眼所抽生的新梢，带有果穗的称为结果枝，不带果穗的称为营养枝。从植株基部或地下茎萌发的枝条称为萌蘖枝。

　　五味子的茎较细弱，当新梢较短时常直立生长不缠绕，但当长至40～50cm时，要依附其他树木或支架按顺时针方向缠绕向上生长（图2-3），否则先端生长势变弱，生长点脱落，停止生长。新梢生长到秋季落叶后至次年萌芽之前称为一年生枝。

图2-3　五味子枝蔓顺时针缠绕状

　　五味子的地下茎（图2-4）是其特化的变态茎，成熟时为棕褐色，前端幼嫩部位白色，生长点部位呈钩状弯曲（图2-5），以利于排开土壤阻力向前伸展。茎上着生不定根，并可见已退化的叶（图2-6），叶腋处着生腋芽。地下茎先端的芽较易萌发，萌发的芽中，前部多形成水平生长的横走茎，向四周延伸，后部的芽抽生萌蘖枝。萌蘖枝当年生长高

图2-4　五味子地下茎形态

度可达2～4m。在自然条件下，地下茎在地表以下5～15cm深的土层内水平生长，是进行无性繁殖的主要器官（艾军，2014）。在人工栽培条件下，由于地下茎本身的生长和大量发生萌蘖枝与植株的生长和结果构成竞争，是生产中重点防除的对象。但由于五味子的枝蔓结果后极易衰弱，可以利用地下茎抽生萌蘖枝的特性，选留预备枝，对衰弱的主蔓进行更新，促进植株旺盛生长。有研究证明五味子的地下茎在休眠期可能具有营养贮藏的功能，适当剪留一定量的地下茎对提高植株的萌芽率和结果率有促进作用（荣涵，2020）。

图2-5　地下茎的先端钩

图2-6　地下茎的芽及退化叶

▎三、叶片

五味子叶片（图2-7）是进行光合作用制造营养的主要器官。叶片膜质，呈卵圆形、阔卵圆形、心脏形、长椭圆形、椭圆形等，长3～15cm，宽2～10cm，先端尾尖、急尖或渐尖，基部圆形、楔形或截形，叶片边缘为具胼胝质的深浅不同的疏锯齿，近基部多全缘，也有整个叶片为全缘的类型；侧脉每边3～7条，网脉纤细不明显；叶柄长1～4cm，两侧由于叶基下延形成极狭的翅，叶柄颜色呈现由绿色到红色的连续变异。

图2-7　五味子叶片

四、芽

五味子的芽为窄圆锥形或卵状圆锥形,外部由数枚覆瓦状鳞片包被(图2-8)。五味子新梢的叶腋内多着生3个芽,中间为发育较好的主芽,两侧是较瘦弱的副芽。休眠期的主芽大小为 (0.4 ~ 0.9) cm × (0.3 ~ 0.35) cm,副芽为 (0.2 ~ 0.4) cm × (0.1 ~ 0.2) cm。五味子萌芽期鳞片会伴随芽体的膨大而生长(图2-9),萌芽期不同种质的鳞片颜色呈现由绿色到棕红色的连续变异。

图2-8 五味子芽

图2-9 五味子萌芽期鳞片颜色

春季主芽萌发,营养条件好的枝条副芽亦可同时萌发。五味子的芽可分为叶芽和混合花芽(图2-10)。通常情况下叶芽发育较花芽瘦小,不饱满,而花芽较为圆钝饱满。五味子的混合花芽休眠期前即已完成花芽性别的形态分化,由叶片特化的鳞片下分别包被数朵小花蕾(图2-11)。

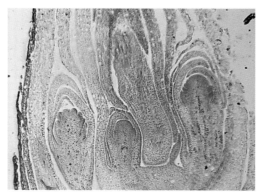

图2-10 五味子混合花芽形态

图2-11 鳞片包被花蕾

地下横走茎的芽较小，其结构与地上芽相似，芽体呈白色或黄白色，既可形成新的地下茎继续向前生长，也可形成萌蘖枝，开花结果，完成有性生殖过程。

▌ 五、花

五味子的花为单性（图2-12），雌雄同株，通常4～7朵轮生于新梢基部（图2-13），雌、雄花的比例因花芽的分化质量而有所不同。

五味子大蕾期花蕾的形状有长柱形、柱形、卵圆形、近球形等，花蕾的形状与开花后的花形有一定关系，长柱形花蕾开花后其花被片边缘常具波状褶皱，花形类似菊花（图2-14）；卵圆形或近球形花蕾开花后花被片边缘较平滑，花形类似荷花（图2-15）。五味子花朵颜色与花被片着色状况高度相关，因其内轮花被片腹面着色面积的连续变化及花被片背面着色状况，花色呈现从白色到红色的连续变异。花被片6～10枚轮生，呈椭圆形或长披针形，长6～11mm，宽2～5.5mm。

图2-12　五味子雌雄同株单性花

图2-13　五味子花朵新梢基部轮生状

图2-14　菊花形花朵

图2-15　荷花形花朵

雄蕊长约2mm，花药4～11枚（图2-16），互相靠贴，直立排列于长约0.5mm的柱状花托顶端，形成近倒卵圆形的雄蕊群（图2-17）。雌蕊群（图2-18）近卵圆形，长2～5mm，心皮数14～58个，子房卵圆形或卵状椭圆形，柱头鸡冠状（图2-19），下端下延成1～3mm的附属体。

图2-16　11枚花药雄花

图2-17　雄蕊群

图2-18　雌蕊群

图2-19　雌蕊柱头

通常情况下，五味子为混合花芽、花单性，数枚花朵轮生于新梢基部，但我们在五味子种质资源研究过程中也发现了纯花芽及两性花的现象。五味子因种质资源不同，除混合花芽外还有纯花芽的现象，表现为3～8朵花聚生于2年生枝相应节位呈总状花序状（图2-20），不抽生新梢。目前，在五味子科中只有团蕊五味子亚属的合蕊五味子[Schisandra propinqua（Wall.）Baill.]及重瓣五味子亚属的重瓣五味子（Schisandra plena A.C.）有关于数枚花朵聚生成总状花序的描述（刘玉壶，1996），关于少蕊五味子亚属的五味子[Schisandra chinensis（Turcz.）Bail.]尚未见报道。根据我们多年的观察，在五味子种内部分种质分化出纯花芽进而发育为总状花序的现象并不少见，而且具有一定的遗传稳定性。正常情况下五味子的花朵轮生于新梢基部，成为花枝（结果枝），新梢上着生的叶片可以为花朵及果实的生长提供营养，但分化为总状花序后，由于没有就近的叶片提供营养，过多分化这种纯花芽，对坐果及果实生长会有较大影响，造成树体衰弱。图2-21示总状花序结果状。

图2-20　总状花序

图2-21　总状花序结果状

20世纪40年代，苏联科学家就发现五味子的花朵有不明显的两性花（图2-22），有时雌蕊发达雄蕊不发达，呈突起状长在雌蕊基部；或者相反，雄蕊发达雌蕊不发达，呈绿色的鳞片状突起长在雄蕊之间（特列古波夫，1959）。这两种状态在我们所收集的五味子种质资源中都有发现，但多为偶发，似乎与种质资源的遗传特性无关。

图2-23示单心皮两性花雄蕊脱落后的状态。

图2-22　五味子两性花

图2-23　单心皮两性花雄蕊脱落后状态

采用石蜡切片法观察五味子花性分化过程，在雄花形态发生的整个过程中，未观察到任何雌性器官的结构；在雌花形态发生的过程中，也未观察到任何雄性器官的结构（艾军，2007）。与刘忠采用扫描电镜观察五味子花性分化过程的结果一致（刘忠，2001）。花性别从"雄蕊或雌蕊与花托原基复合体"分化出现即可从形态上进行区分，"雄蕊与花托原基复合体"相对扁平，而"雌蕊与花托原基复合体"则呈半圆球状圆钝饱满，进一步可分化出具雄蕊的雄花或具雌蕊的雌花。图2-24示雌蕊与花托原基复合体的分化，图2-25示心皮及花托原基复合体，图2-26示雄蕊与花托原基复合体分化，图2-27示雄蕊及花托原基复合体。

　　刘忠认为，五味子属植物单性花形态建成的特征有别于由两性花退化而来的单性花，它可能代表的是被子植物起源演化的另一条线路（刘忠等，2001）。笔者认为，五味子两性花的发现，在一定程度上可以证明五味子从两性花演化为单性花，可能不是通过某一种性别器官功能的退化实现，而是通过数量的减少来实现。

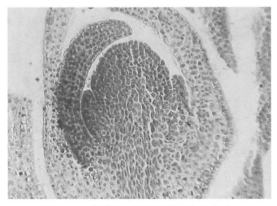

图 2-24　雌蕊与花托原基复合体分化

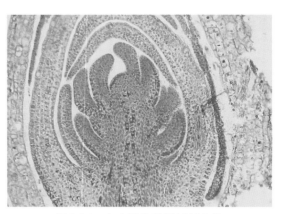

图 2-25　心皮及花托原基复合体

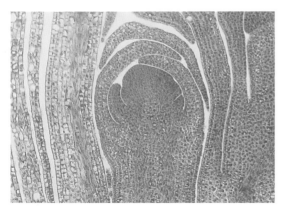

图 2-26　雄蕊与花托原基复合体分化

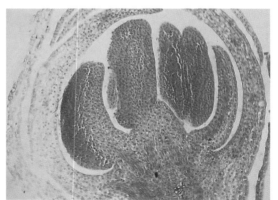

图 2-27　雄蕊及花托原基复合体

六、果实

　　五味子雌蕊的花托呈圆柱形，果期明显伸长，形成疏松长穗状聚合果（图 2-28），生产中常称果穗，小浆果螺旋状着生在伸长的花托（穗梗）上。刘玉壶（2002）认为，五味子属的花托着果时伸长是次生性状，疏松的穗状聚合果是从紧密的聚合果进化而来的。我们研究的结果表明，在果实生长过程中五味子种内仍然存在花托伸长程度不充分（图 2-29），聚合果呈长圆球形的种质类型。五味子不同种质间穗长、穗重差异较大，穗长

5 ～ 15cm，穗重 5 ～ 30g。浆果近球形或倒卵圆形，成熟时黄白色、橙黄色、粉红色、红色、深红色、紫黑色，横径 0.6 ～ 1.2cm，重 0.26 ～ 1.35g，果皮具有不明显的腺点。

图 2-28　花托充分伸长聚合果　　　　图 2-29　花托伸长不充分聚合果

七、种子

　　五味子的种子呈肾形，长 4 ～ 5mm，宽 2.5 ～ 3mm，淡褐色或黄褐色，种皮光滑，种脐明显凹呈 V 形（图 2-30）。种子千粒重为 17.0 ～ 35.5g。其种仁呈钩形，淡黄色，富含油脂；胚较小，位于种子腹面尖的一端（图 2-31）。

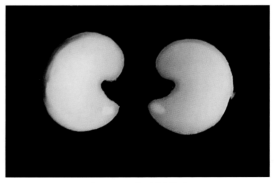

图 2-30　种子　　　　　　　　　　图 2-31　种子胚发育

　　五味子的种子为深休眠型，并易丧失发芽能力，其休眠的主要原因是胚未分化完全，形态发育不成熟。在5～15℃条件下贮藏，种子可顺利完成胚的分化。胚分化完成后在5～25℃条件下可促进种子萌发。未经催芽的种子只含有2个叶原基呈椭圆形且分化不全的胚体。催芽后，胚细胞团逐渐发生形态和生理上的变化，最初胚体呈淡黄色，继续分化，下胚轴伸长，胚根明显，然后子叶原基加厚、加宽，这时种子外部形态为露白阶段，至胚根伸出种皮时，子叶已分化成形，叶脉清晰，胚乳体积缩小，只占种子体积的2/3。

第三章 五味子种质资源的遗传多样性

五味子为多年生木质藤本植物，在庞大的人工栽培和野生群体中存在着丰富的变异类型，开展五味子种质资源收集、评价工作，挖掘优良种质资源，是五味子新品种选育的前提和基础。2004年我们参加了"国家自然科技资源平台项目——药用植物种质资源评价、描述及示范研究"，制定了《五味子种质资源描述规范和数据标准》，标准共分"五味子种质资源描述规范和数据标准制定的原则""五味子种质资源描述简表""五味子种质资源描述规范""五味子种质资源数据标准""五味子种质资源数据质量控制规范"等几个部分，从五味子种质资源基本信息、形态特征和生物学特性、品质特性和抗逆性等方面规定了五味子种质资源数据采集过程中的质量控制内容和方法。本节内容根据标准的规定对五味子种质资源若干重要性状进行描述，力求反应其遗传多样性，为五味子种质资源的评价描述提供范例。

▍一、枝梢及芽的遗传多样性

1. **萌芽期芽体着色程度** 五味子萌芽期开绽鳞片的表面颜色（图3-1）。五味子萌芽期，随机调查充分着光的30个芽开绽鳞片的颜色。与标准色卡上相应的颜色进行比对，或按目测法进行判断，按照最大相似性原则，确定鳞片颜色，表示为：

1 绿色

2 绿带赭红色

3 赭红色

1　　　　　　　　　　　2　　　　　　　　　　　3

图3-1　萌芽期芽体着色程度

2.新梢颜色　五味子新梢颜色存在较大变异（图3-2），随机调查10个新梢中部的10个节间，按目测法判断节间着色类型。可分为3种类型，即：

1　绿色

2　绿带红色

3　红色

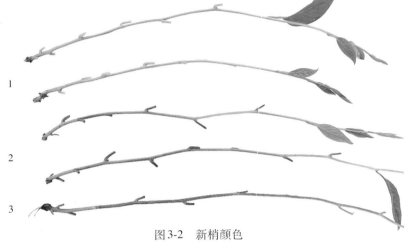

图3-2　新梢颜色

3.一年生枝颜色　五味子一年生枝的表皮颜色（图3-3）。在五味子休眠期，取植株中部长枝的中段节间，一般为30节以上，与标准色卡上相应的颜色进行比对或按目测法进行判断，按照最大相似原则，确定节间颜色，即：

1　黄色

2　黄褐色

3　红褐色

4　灰褐色

5　暗褐色

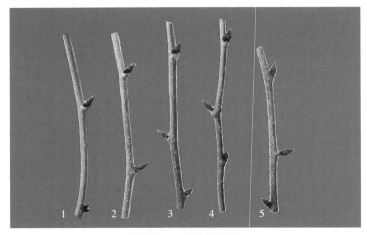

图3-3　一年生枝颜色

4.皮孔形状　五味子一年生枝表面皮孔的形状（图3-4）。在五味子休眠期，取植株中部长枝的中段节间，一般为30节以上，按照最大相似原则调查皮孔形状，即：

　1　长梭形

　2　梭形

　3　圆形

　4　椭圆形

　5　不规则形

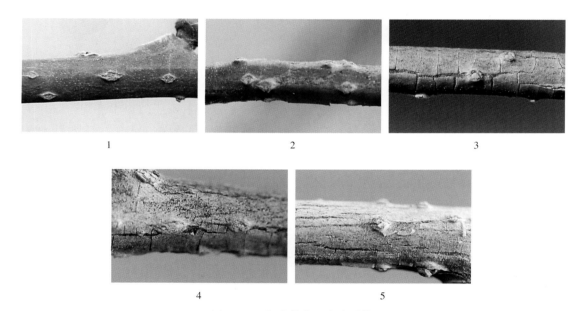

　　　　　1　　　　　　　　　　　　2　　　　　　　　　　　　3

　　　　　4　　　　　　　　　　　5

图3-4　一年生枝表面皮孔形状

▍二、叶片的遗传多样性

1.叶片形状　五味子成龄叶片的形状（图3-5）。在五味子幼果期至转色期调查植株中部新梢的典型叶片，叶片数一般在30片以上，观察叶片形状，即：

　1　卵圆形

　2　阔卵圆形

　3　心脏形

　4　长椭圆形

　5　椭圆形

图 3-5　叶片形状

2.**叶片颜色**　五味子成龄叶片的表面颜色（图 3-6）。在五味子幼果生长期，即开花后观察植株中部新梢的典型成龄叶片表面颜色，观察叶片数一般在 30 片以上，与标准色卡上相应的颜色进行比对，按照最大相似原则，确定叶片的颜色，即：

1 黄绿

2 绿色

3 深绿

3.**叶缘锯齿**　五味子成龄叶片叶缘的锯齿形态（图 3-7）。在五味子幼果期至转色期调查植株中部新梢的典型叶片，叶片数一般在 30 片以上，观察叶缘锯齿，即：

1 全缘

2 浅

3 中度

4 深

图 3-6　叶片颜色　　　　　　　　　　　图 3-7　叶缘锯齿

4.**叶基形状**　幼果期至转色期调查五味子长枝中部成龄叶片数30片以上，观察叶基部形状（图3-8），即：

　　1　圆形

　　2　楔形

　　3　截形

图3-8　叶基形状

5.**叶尖形状**　幼果期至转色期随机调查五味子新梢中部成龄叶片10枚，调查叶尖形态（图3-9），即：

　　1　尾尖

　　2　急尖

　　3　渐尖

图3-9　叶尖形状

6.**叶柄颜色**　幼果期随机调查五味子植株中部新梢的成龄叶片10枚，目测或与标准比色卡上相应的颜色进行比对，按照最大相似原则，确定叶柄的颜色（图3-10），即：

　　1　绿色

　　2　绿带红色

　　3　红色

图 3-10　叶柄颜色

7.**叶背光泽**　幼果期至转色期随机调查五味子长枝中部成龄叶片 10 枚，观察叶背有无光泽（图 3-11），可以作为区分不同种质的重要性状，即：

　　1　有

　　2　无

图 3-11　叶背光泽

8.**叶脉糙毛有无**　幼果期至转色期随机调查五味子新梢中部成龄叶片 10 枚，观察叶背糙毛着生状态（图 3-12）。分为有和无两种类型，即：

　　1　有

　　2　无

图 3-12　叶脉糙毛有无

三、花朵的遗传多样性

1. **花蕾形状**　五味子大蕾期花蕾的形状（图3-13）。取中庸健壮结果母枝中部的花
蕾，一般为30朵以上，调查花蕾形状。花蕾的形状与开花后的花形有一定相关性，长柱
形花蕾开花后其花被片常为褶皱状，表现为菊花形花朵；卵圆形或近球形花蕾开花后花
被片边缘较平滑，表现为荷花形花朵。分为4种类型，即：

1 长柱形

2 柱形

3 卵圆形

4 近球形

图3-13　花蕾形状

2. **花被片及花朵颜色**　五味子花朵颜色与花朵内轮花被片腹面着色面积有关。五味
子盛花期，取中庸健壮母枝中部的雌花，调查花被片颜色（图3-14），花被片颜色分为：

a 白色

b 腹面基部1/3以下红色

c 腹面基部1/3 ～ 1/2红色

d 腹面基部1/2 ～ 2/3红色

e 腹面基部2/3以上红色（或花被片背面亦着色）

随着内轮花被片基部着色比例增加，花朵颜色加深（图3-15），分为：

a 白色

b 浅

c 中

d 深

e 红色

图3-16示五味子花被片背面着色。

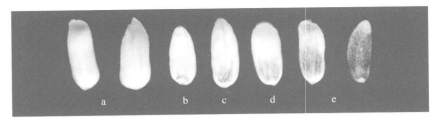

图3-14　花被片颜色

图3-15　花朵颜色

图3-16　花朵的花被片背面着色

3.**雌花心皮数**　五味子雌花聚合雌蕊群（图3-17）心皮的数量。五味子盛花期到终花期，取中庸健壮母枝中部的雌花，一般为30朵以上，调查心皮数。

五味子的雌花心皮以2/5序列螺旋状着生于花托上，5个螺旋的心皮数整体基本相等，顶端剩有0～4个心皮。可以根据五味子的雌花心皮以2/5序列螺旋状着生于花托上的特性，对五味

图3-17　雌花的聚合雌蕊群

子雌花心皮数进行无破坏的精确估算，估算公式：$y=5x+n$（y：心皮数；x：各行一致心皮数；n：顶端心皮数）。

图3-17所示五味子雌花的聚合雌蕊群。

四、果实的遗传多样性

1. **幼穗颜色**　五味子终花期后的幼穗颜色（图3-18）。五味子终花期后的幼穗伸长期，选取植株外围着光条件良好的幼穗，一般为30穗以上，目测观察心皮着色状况，按照最大相似原则，确定幼穗颜色，即分为：

　　1　绿色
　　2　绿带浅红色
　　3　红色

2. **穗柄颜色**　五味子果穗穗柄的颜色（图3-19）。果实转色至成熟期，取植株中部阳面穗柄未木栓化的典型果穗，一般为30穗以上，目测观察穗柄颜色，按照最大相似原则，确定穗柄颜色，即分为：

　　1　绿色
　　2　绿带红色
　　3　红色

图3-18　幼穗颜色

图3-19　穗柄颜色

3. **果穗长度**　取五味子果实成熟期的典型果穗，测量果穗尖端第一果粒外缘至基部外缘的长度（图3-20）。五味子成熟期，取植株中部结果母枝的中部典型果穗，一般为30穗以上，测定平均长度。以"cm"为单位，精确到0.1cm。

4. **果穗紧密度**　果粒在果穗上着生间距的表示（图3-21）。在五味子果实成熟期，取植株中部典型果穗，一般为30穗以上，观察果穗上果粒间的着生状况。将果穗放到一平面上后，观察果穗松紧度。分为：

　　1　松（果粒不接触）

　　2　中（果粒互相接触）

　　3　紧（果粒接触，微变形）。

　　5.**果实颜色**　五味子果实成熟期果皮的颜色（图3-22）。在五味子成熟期，取植株中部阳面中庸健壮结果枝的典型果穗，一般为30穗以上，与标准色卡上相应的颜色进行比对，按照最大相似原则，确定果实颜色。果实颜色有：

　　1　黄白色

　　2　橙黄色

　　3　浅粉红色

　　4　粉红色

　　5　红色

　　6　紫红色

　　7　紫黑色

图3-20　果穗长度差异

图3-21　果穗紧密度

图3-22　果实颜色

6. 果肉颜色　五味子果实成熟期果肉的颜色（图3-23）。在五味子成熟期，取植株中部阳面中庸健壮结果枝上典型果穗的代表性果粒30粒，目测观察果肉颜色。

分为：

1　白色

2　红色

图3-23　五味子果肉颜色

7. 果实腺点密度　五味子果实成熟期果粒表面腺点的多少（图3-24）。在五味子成熟期，取植株中部阳面中庸健壮结果枝的典型果穗，一般为30穗以上，观察果粒腺点密度。

分为3种类型，即：

1　少

2　中

3　密

图3-24　果实腺点密度

8. 干果表面颜色　五味子成熟果实干燥后表面颜色（图3-25）。在五味子成熟期，以株为单位，取干燥果粒30粒，与标准比色卡上相应的颜色进行比对，按照最大相似原则，确定干果果粒颜色。一般可分为5种类型，即：

1　淡黄褐色

2　淡红色

3　红色

4　紫红色

5 暗红色

图 3-25 五味子干果表面颜色

9. 种子颜色 五味子果实成熟期种子的颜色（图 3-26）。在五味子成熟期，以株为单位，取阴干的五味子种子 30 粒，与模式图或标准比色卡上相应的颜色进行比对，按照最大相似原则，确定种子颜色。一般可分为黄色、黄褐色、红褐色。

黄色   黄褐色   红褐色

图 3-26 五味子种子颜色

五、抗逆性的遗传多样性

黑斑病抗性鉴定：引起五味子黑斑病的病原菌为细极链格孢[*Alternaria tenuissima* (Fr.) Wiltsh]。对五味子黑斑病抗性的鉴定可采用生长期叶片田间自然鉴定法，在发病盛期的不同时间分别进行两次鉴定，按严重度记载标准调查发病情况。

病情调查分级方法：每份种质随机调查 200 个以上叶片，分级标准如下：

病级   病情

0 级   叶片无病斑

1 级   叶片病斑面积占叶片总面积的 10% 以下

2 级   叶片病斑面积占叶片总面积的 10.1%～30.0%

3 级   叶片病斑面积占叶片总面积的 30.1%～60.0%

4级　　叶片病斑面积占叶片总面积的60.1%～80.0%

5级　　叶片病斑面积占叶片总面积的80.1%以上

根据叶片发病级数统计结果计算黑斑病病情指数，计算公式如下：

$$病情指数 = \frac{\sum（各级病叶数 \times 病级数）}{调查总叶数 \times 5} \times 100$$

种质对黑斑病的抗性依病情指数分为5个级别，即：

1　高抗（HR）：病情指数≤10

2　抗病（R）：10<病情指数≤30

3　感病（S）：30<病情指数≤50

4　中感（MS）：50<病情指数≤70

5　高感（HS）：70<病情指数

第四章　五味子种质资源的保存方法

我国遗传资源工作方针将遗传资源工作的整体路线清楚地定义为"广泛收集、妥善保存、深入研究、积极创新、充分利用"（刘旭，1998），其中种质资源的妥善保存是衔接种质资源广泛收集与研究、创新、利用的重要环节，是种质资源评价及高效利用的基础。依保存的环境不同，植物种质资源保存可分为原生境保护和非原生境保护（保存）。原生境保护是指在原生存环境中保护物种的群体及其所处的生态系统。非原生境保护是把生物体从原生存环境转移到具有不同条件的设施中保存，包括低温种质库、种质资源圃、试管苗库、超低温库等途径进行的种质资源保存。

五味子具有分布范围广、种质资源遗传多样性丰富等特点，在广泛收集五味子种质资源的基础上，完善五味子保存技术环节，加强种质资源保护工作，是进一步深入研究五味子种质资源和开展种质创新、品种选育的重要保障。目前，五味子种质资源保存主要为原生境保护、种质资源圃保存及种质资源超低温保存等方式。

一、五味子野生资源的原生境保存

五味子种质资源的原生境保护可分为利用自然保护区及建立原生境保护点两种方式。在我国五味子分布区域内设立了众多的不同级次的以自然生态系统及生物多样性为保护目标的自然保护区，这些保护区的设立在客观上保护了五味子种质资源的生态环境并使物种的种群免受破坏，对五味子野生资源自然生长、遗传多样性保持具有重要作用，如吉林省的长白山自然保护区、河北的老岭（祖山）自然保护区。在五味子的集中分布区建立野生五味子原生境保护点可以更有针对性地开展五味子野生资源保护（图4-1）。

二、五味子种质资源的资源圃保存

资源圃保存是指通过建立田间设施，以植株的方式保存无性繁殖及多年生作物种质资源的方式，是五味子种质资源保存的主要方式（图4-2、图4-3）。五味子种质资源的资

图4-1　五味子种质资源原生境保存

源圃保存可采用直立篱架、单组主蔓或双组主蔓树形的栽培模式，株 行 距2.0m×（0.5 ～ 1.0）m，每份资源保存6 ～ 12株，在确保资源保存安全性和资源评价科学性的基础上，尽量节约资源保存的占地面积。

图4-2　五味子种质资源圃

图4-3　五味子种质资源圃保存

三、五味子种质资源的离体库保存

保存离体种质材料的方法，一般有两种保存方式，一种为试管苗库，通常由培养室（保存室）、操作室、预备室等组成，试管苗缓慢生长（温度控制在20℃以下）；另一种为超低温库，主要设施是液氮罐，指在液氮液相（−196℃）或液氮雾相（−150℃）中对生物器官、组织或细胞等种质材料进行长期保存。五味子种质资源可采用愈伤组织超低温保存技术，具体为：①前处理。取五味子愈伤组织切成2mm左右大小，4℃条件下在MS+3.0mg/L 2, 4-D+0.2mg/L TDZ +5% DMSO的培养基中培养3d后转入含有0.5mol/L蔗糖的培养基中预培养3d。②超低温冷冻保存。移入装有10%乙二醇+8%葡萄糖+8% DMSO的1.8mL的冷冻管中，直接投入液氮保存。③化冻及植株再生。取出冷冻组织，40℃水浴快速化冻，经化冻洗涤后的愈伤组织转移到胚性愈伤组织诱导培养基进行培养，待长出胚性愈伤组织转移至体细胞胚诱导培养基，30d后将体细胞胚转移至萌发培养基长成再生植株，愈伤组织成活率达到86.67%（图4-4至图4-8）。

图4-4　超低温库保存

图4-5　五味子愈伤组织进行恢复培养

图4-6　胚性愈伤组织诱导

图4-7　体细胞胚诱导

图4-8　体细胞胚萌发

第五章 五味子种质资源的繁殖更新方式

繁殖更新是五味子种质资源保护和利用工作的重要组成部分，科学、规范及高效的繁殖更新技术是保证五味子种质资源遗传完整性和长期保存的前提和基础。五味子的繁殖更新方法主要为：嫁接繁殖、扦插繁殖、压条繁殖及组织培养等。

一、绿枝劈接

砧木的培养可采用露地直播育苗，在冬季来临之前如砧木不挖出，则必须在土壤结冻之前进行修剪，每个砧木留3～4个芽（5cm左右）剪砧，然后浇足封冻水，以防止受冻抽干。如拟在第二年定植砧木苗，则可将苗挖出窖藏或沟藏，这样更利于砧木苗管理，第二年定植时也需要剪留3～4个芽。原地越冬的砧木苗来年化冻后要及时灌水并追施速效氮肥，促使新梢生长，每株选留新梢1～2个，其余全部疏除，尤其注意去除基部萌发的地下茎。用砧木苗定植嫁接的，可按一般苗木定植方法进行，为嫁接方便可采用垄栽或钵栽。

在辽宁中北部和吉林各地五味子的绿枝劈接可在5月下旬至7月上旬进行，但嫁接晚时当年发枝短，特别是生长期短的地区发芽抽枝后当年不能充分成熟，建议适时早接为宜。嫁接时选取砧木上发出的生长健壮的新梢，新梢下部留2枚叶片为宜。剪口距最上叶基部1.5～2.0cm。接穗要选用生长健壮的新梢或副梢。剪下后，去掉叶片，只留叶柄。接穗最好随采随用，以提高成活率。嫁接时，芽上留0.5～1.0cm，芽下留1.5～2.0cm，接穗下端削成1.0cm左右的双斜面楔形，斜面要平滑，角度小而匀称。在砧木中间劈开一个切口，把接穗仔细插入，对齐接穗和砧木二者的形成层，接穗和砧木粗度不一致时对准一侧，接穗削面上要留1.0mm左右，有利于愈合。接后可用塑料袋"戴帽"封顶，并用嫁接夹固定接口，当接穗萌芽成活后破帽使新梢露出（图5-1、图5-2）。

嫁接过程需要注意：砧木要较鲜嫩，过分木质化的砧木成活率不佳；接穗要选择半木质化枝段，有利成活；嫁接口一定要固定好，保持湿度；要充分灌水并保持土壤湿润；接后必须及时除去砧木上发出的萌蘖和横走茎。

图5-1　五味子种质资源绿枝劈接嫁接苗

图5-2　五味子种质资源绿枝劈接苗圃

▍二、绿枝扦插

　　6月上中旬，在温室或塑料大棚内做好宽1.2～1.5m、高20～25cm的扦插床，基质可采用1份沙、1份草炭土、2份肥沃壤土的比例配制。采集半木质化新梢，剪成长度为8～10cm的插条，上部剪留1/3～1/2叶片，用300～500mg/L ABT 1号生根粉或萘乙酸水溶液浸泡插条基部5cm，处理时间2～3h，按5cm×10cm的密度垂直扦插（图5-3），保持扦插基质适宜湿度，温度不高于30℃，空气相对湿度90%以上，扦插后45d左右插穗生根（图5-4）。

图5-3　五味子种质资源绿枝扦插

图5-4　五味子种质资源绿枝扦插生根状

三、芽苗嫁接

以当年生五味子幼苗为砧木，采用五味子绿枝为接穗，当营养钵繁殖的五味子幼苗出土后两片子叶展平、真叶尚未展开前即可进行嫁接（图5-5）。采用腹接法，即在砧木的下胚轴处嫁接，切口与两片真叶的伸展方向平行，斜向下切入，深度为下胚轴直径的1/2，切口长度为0.4～0.6cm，切口下部要与土面有一定距离，防止切口污染，影响成活。接穗可选取待繁殖品种生长健壮的新梢或副梢，粗度与砧木相当或略粗。剪下后，去掉叶片，只留叶柄，接穗最好随采随用。嫁接时，采用单芽或双芽，芽上剪留0.5cm左右，芽下剪留1.5～2cm，接穗下端削成与砧木切口长度相当的双斜面楔形，斜面要平滑，角度小而均匀，插入砧木切口后保证至少一面对齐，以普通棉线绑缚固定，一般每营养钵嫁接2株。

五味子嫁接后10～12d是接口愈合的关键时期，要创造有利于伤口愈合的湿度、温度、光照等条件，促进接口快速愈合。五味子芽苗嫁接后立即放入密闭的小拱棚中。湿度：前3d空气湿度要保持在95%以上，闭棚4～5d不通风，以后选择温度较高的天气在清晨或傍晚每天通风1～2次，注意保持棚内的空气湿度，12d后逐渐增大通风量，20d后可以撤除小拱棚保护。温度：嫁接苗伤口愈合的适宜温度白天为24～26℃，最高不高于27℃；夜晚为20～22℃，最低不低于15℃。光照：嫁接后3～4d要全面遮光，避免阳光直射，其后中午遮光，早晚揭开，12d后逐渐撤掉遮阳网，转入常规管理。

五味子嫁接7d左右，要将两片子叶中萌发的芽去除，以后要经常检查并及时去除萌蘖。五味子嫁接苗可在嫁接后的25d左右进行炼苗，嫁接后30d左右移栽于露地苗圃（图5-6）。

图5-5　五味子种质资源芽苗嫁接

图5-6　五味子种质资源芽苗嫁接入圃苗

四、组织培养

五味子体细胞胚方式植株再生体系的建立：取五味子休眠芽（图5-7）置于流水中冲洗10min，酒精消毒30s，升汞消毒15min，然后用无菌水冲洗3～5次，接种于MS+3.0mg/L 2, 4-D+0.2mg/L TDZ培养基上进行愈伤组织诱导（图5-8）。将愈伤组织切成0.5cm×0.5cm小块置于MS+1.0mg/L TDZ+0.2mg/L ZT+5.0mg/L AgNO₃培养基中进行胚性愈伤组织诱导（图5-9），将诱导出的胚性愈伤组织接种于1/2MS液体培养基中进行悬浮培养（图5-10），30d后将所获得的球形胚转入1/2MS固体培养基形成五味子再生植株（图5-11），将根系发达的五味子植株进行移栽（图5-12），其移栽成活率为90%。

图5-7　休眠芽

图5-8　诱导的愈伤组织

图5-9　胚性愈伤组织

图5-10　液体培养诱导体细胞胚

图5-11　形成再生植株

图5-12　再生植株移栽

五、压条繁殖

压条繁殖是我国劳动人民创造的最古老的繁殖方法之一，它的特点是利用一部分不脱离母株的枝条压入地下，使枝条生根繁殖出新的个体，其优点是苗木生长期养分充足，容易成活，生长健壮，结果期早，可作为五味子种质资源更新繁殖的主要方法（图5-13）。五味子的压条繁殖多在春季萌芽前进行。在准备压条的位置挖15～20cm深的沟，将一年生成熟枝条固定压于沟中埋好，当年即可生根（图5-14），形成新的植株。

图5-13　五味子种质资源压条繁殖植株

图5-14　五味子种质资源压条繁殖生根

第六章　五味子栽培模式

　　五味子为木质藤本植物，在自然条件下常攀附于其他树木向上生长，以获得生长空间及光照条件等。人工栽培的五味子需通过设置人工支架来满足其生长的需要，并通过整形修剪使五味子枝蔓合理分布于架面上，充分利用空间和光照条件，使其保持旺盛生长和较强的结实能力，使果实达到应有的大小和品质，并满足节省劳动力成本和便于田间管理的目的。

▎ 一、栽培架式

　　1. 单壁篱架　单壁篱架又称单篱架，架的高度一般为1.5 ~ 2.2m，可根据气候、土壤、品种特性、整枝方式等加以调整。架高超过1.8m的单篱架称为高单篱架，目前五味子生产中多采用此种架式（图6-1、图6-2）。每行设1个架面，行内每间隔4 ~ 6m设一立柱，柱上每隔50 ~ 60cm沿行向拉一道铁丝，铁丝上绑缚架杆等支持物，供五味子枝蔓攀附缠绕。单篱架的主要优点是适于密植，利于早期丰产。行距合理的单篱架，机械

图6-1　五味子单壁篱架栽培

6-2 五味子单壁篱架栽培结果状

化作业方便，光照和通风条件好，各项操作如病虫害防治、夏季修剪等较方便。但如果栽植密度过大、架面过高，园内枝叶易郁闭，多年生植株的下部常不能形成较好的枝条，以至于1m以下光秃，不能正常结果，因此应注意合理密植，或适当降低架面高度，保障合理利用光照条件和促进空气流通。五味子种质资源利用单篱架保存适宜的行距为2.0m，架面高度1.8 ~ 2.0m。

2.**棚篱架** 棚篱架是篱架和棚架的结合架式。棚篱架栽培（图6-3）五味子常采用东西行向建园，架高2.0m，株距0.5 ~ 1.0m，行距2.0 ~ 3.0m，棚架面宽1.5 ~ 2.5m，在棚架面上拉3 ~ 4道铁丝，立架面拉2 ~ 3道铁丝。棚篱架的特点是兼有垂直和水平两种架面，可充分利用空间结果，单位面积产量较高（图6-4）。

图6-3 五味子棚篱架栽培

图6-4 五味子棚篱架栽培结果状

3.**宽顶篱架** 宽顶篱架又称T形架（图6-5），行距2.0m，在单篱架支柱的顶部加一根长1.0～1.2m的横杆，横杆的中间拉1道铁丝，两端按等距各拉2道铁线，支柱的直立部分拉2～3道铁丝，篱架横断面呈T形，形成一个水平架面和一个直立架面，这种架式在五味子结果初期可利用立架面结果，后期可有效利用五味子成龄树上强下弱的特点，充分利用植株的上部结果（图6-6），常采用头状整形。

图6-5 五味子宽顶篱架栽培

图6-6 五味子宽顶篱架栽培结果状

二、树形结构

1. **直立篱架单组或双组主蔓直立整形** 五味子单壁篱架常采用保留1组或2组主蔓的整枝方式,即每株选留1组或2组主蔓,均匀分布于架面上;每组主蔓上保留1～2个固定主蔓,主蔓上着生结果枝或结果母枝;每个结果母枝间距15～20cm,均匀分布,结果母枝上着生结果枝及营养枝。这种整形方式的优点是树形结构比较简单,整形修剪技术容易掌握;株、行间均可进行耕作,便于防除杂草;植株体积及负载量小,对土、肥、水条件要求不严格。但由于植株直立,易形成上强下弱、结果部位上移的情况,需加强控制。

图6-7所示为五味子双组主蔓直立整形。

图6-7 五味子双组主蔓直立整形

2.五味子棚篱架单组或双组主蔓倒L形树形　常用于五味子棚篱架栽培。植株由1～2组主蔓构成，呈倒L形，其上均匀分布结果枝或结果母枝。由于五味子枝蔓较弱，每组主蔓可以由1～2个主蔓组成。每组主蔓在架面上的距离为30～50cm。

图6-8所示五味子双主蔓倒L形整形。

3.宽顶篱架头状整形　五味子宽顶篱架栽培常采用头状整形（图6-9）。根据株距采用1组或2组主蔓，均匀分布于立架面上；每组主蔓上保留1～2个固定主蔓，结果初期可在主蔓上直接着生结果枝或结果母枝，利用立架面结果，进入结果盛期后随着结果部位上移，在主蔓顶部辐射状培养若干条侧蔓，均匀绑缚于水平架面上，形成以水平架面结果为主的头状树形。

图6-8　五味子双主蔓倒L形整形

图6-9　五味子头状整形

第七章 五味子主要病虫害及防治

病虫害是影响五味子种质资源安全保存及遗传特性稳定表达的主要因素，加强相关病虫害发生规律的研究，科学防治五味子病虫害，对于五味子种质资源的安全保存及高效利用具有重要意义。五味子的病害主要包括五味子白粉病、五味子茎基腐病、五味子黑斑病等侵染性病害及日灼、霜冻、药害等非侵染性病害。虫害主要包括蛀果类害虫女贞细卷蛾及蛀干类害虫蝙蝠蛾、芳香木蠹蛾等（艾军，2014）。

一、主要侵染性病害

1.黑斑病 该病是五味子的一种常见病害（图7-1），广泛分布于辽宁、吉林、黑龙江等省的五味子产区，可造成早期落叶、落果、新梢枯死、树势衰弱、果实品质下降、产量降低等严重后果。

（1）**症状** 从植株基部叶片开始发病，逐渐向上蔓延。病斑多数从叶尖或叶缘发生，然后扩向两侧叶缘，再向中央扩展逐渐形成褐色的大斑块。随着病情的进一步加重，病部颜色由褐色变成黄褐色，病叶干枯破裂而脱落，果实萎蔫皱缩。

图7-1 五味子黑斑病叶片感病状

（2）**病原**　引起五味子黑斑病的病原菌为细极链格孢[*Alternaria tenuissima*（Fr.）Wiltsh]。其分生孢子梗多单生或少数数根簇生，直立或略弯曲，淡褐色或暗褐色，基部略膨大，有隔膜，（25.0 ～ 70.0）μm×（3.5 ～ 6.0）μm。分生孢子褐色，多数为倒棒形，少数为卵形或近椭圆形，具3 ～ 7个横隔膜，1 ～ 6个纵（斜）隔膜，隔膜处缢缩，大小为（22.5 ～ 47.5）μm×（10.0 ～ 17.5）μm。喙或假喙呈柱状，浅褐色，有隔膜，大小为（4.0 ～ 35.0）μm×（3.0 ～ 5.0）μm。

（3）**发病规律**　该病多从5月下旬开始发生，6月下旬至7月下旬为发病高峰期。高温高湿是病害发生的主导因素，结果过多的植株和夏秋多雨的地区或年份发病较重；同一园区内地势低洼积水处发病重；果园偏施氮肥，架面郁闭时发病亦较重。不同品种间感病程度也有差异，有的品种极易感病且发病严重，有的品种抗病性强，发病较轻。

（4）**防治技术**

①加强栽培管理。注意枝蔓的合理分布，避免架面郁闭，增强通风透光。适当增加磷、钾肥的比例，以提高植株的抗病力。

②药剂防治。在5月下旬喷洒1 ∶ 1 ∶ 200倍等量式波尔多液进行预防。发病时可用50%代森锰锌可湿性粉剂500 ～ 600倍液喷雾防治，每7 ～ 10d 喷1次，连续喷2 ～ 3次。也可选用2%农抗120水剂200倍液、10%多抗霉素可湿性粉剂1 000 ～ 1 500倍液、25%嘧菌酯水悬浮剂1 000 ～ 1 500倍液喷雾，隔10 ～ 15d喷1次，连喷2次。

2.白粉病　白粉病是严重危害五味子的病害之一。在辽宁、吉林、黑龙江等省的五味子主产区均有发生。

（1）**症状**　白粉病危害五味子的叶片、果实和新梢，以幼叶、幼果发病最为严重，往往造成叶片干枯，新梢枯死，果实脱落（图7-2、图7-3）。

图7-2　五味子白粉病幼穗感病状

图7-3　五味子白粉病叶片感病状

叶片受害初期，叶背面出现针刺状斑点，逐渐上覆白粉（菌丝体、分生孢子和分生孢子梗），严重时扩展到整个叶片，病叶由绿变黄，向上卷缩，枯萎而脱落。幼果发病先从靠近穗轴开始，严重时逐渐向外扩展到整个果穗，病果出现萎蔫、脱落，在果梗和新梢上出现黑褐色斑。发病后期在叶背的主脉、支脉、叶柄及新梢上产生大量小黑点，为病菌的闭囊壳。

（2）**病原**　经鉴定该病有性态为五味子叉丝壳菌（*Microsphaera schizandrae* Sawada），子囊菌亚门、叉丝壳属真菌。该菌为外寄生菌，病部的白色粉状物即为病菌的菌丝体、分生孢子及分生孢子梗。菌丝体在叶两面生，也生于叶柄上。分生孢子单生，无色，椭圆形、卵形或近柱形，(24.2 ~ 38.5)μm×(11.6 ~ 18.8)μm。闭囊壳散生至聚生，扁球形，暗褐色，直径92 ~ 133μm；附属丝7 ~ 18根，多为10 ~ 14根，长93 ~ 186μm，长度为闭囊壳直径的0.8 ~ 1.5倍，基部粗8.0 ~ 14.4μm，直或稍弯曲，个别曲膝状，外壁基部粗糙，向上渐平滑，无隔或少数中部以下具1隔，无色或基部、隔下浅褐色，顶端4 ~ 7次双分叉，多为5 ~ 6次。子囊4 ~ 8个，椭圆形、卵形、广卵形，(54.4 ~ 75.6)μm×(32.0 ~ 48.0)μm；子囊孢子3 ~ 7个，无色，椭圆形、卵形，(20.8 ~ 27.2)μm×(12.8 ~ 14.4)μm。

（3）**发病规律**　高温干旱有利于白粉病发病。在我国东北地区，发病始期在5月下旬至6月初，6月下旬达到发病盛期（如不遇干旱高温天气发病多在7月上、中旬）。从植株发病情况看，枝蔓过密、徒长、氮肥施用过多和通风不良等都有利于此病的发生。

五味子叉丝壳菌以菌丝体、子囊孢子和分生孢子在田间植物病残体内越冬。次年5月中旬至6月上旬，平均温度回升到15 ~ 20℃，田间病残体上越冬的分生孢子开始萌动，借助降雨和结露开始萌发，侵染植株，田间病害始发。7月中旬为分生孢子扩散的高峰期，病叶率、病茎率急剧上升，果实大量发病。10月上旬气温明显下降，五味子叶片衰老脱落，病残体散落在田间，病残体上所携带的病菌进入越冬休眠期。

在自然条件下，越冬病菌产生分生孢子借气流传播不断引起再侵染，病害得以发展；人为条件下，感染白粉病的种苗、果实在车、船等运输工具的转运时，使五味子白粉病实现地区间的远距离扩散，是该病最主要的传播途径。

（4）**防治技术**

①加强栽培管理。注意枝蔓的合理分布，通过修剪改善架面通风透光条件。适当增加磷、钾肥的比例，以提高植株的抗病力，增强树势。清除菌源，结合修剪清理病枝病叶，发病初期及时剪除病穗，拣净落地病果，集中烧毁或深埋，减少病菌的侵染来源。

②药剂防治。在5月下旬喷洒1：1：200倍等量式波尔多液进行预防，如没有病情发生，可7～10d喷1次。发病后可选用25%粉锈宁可湿性粉剂800～1 000倍液、甲基硫菌灵可湿性粉剂800～1 000倍液，每7～10d喷1次，连续喷2～3次，防治效果很好。还可选用40%硫黄胶悬剂400～500倍液、15%三唑酮乳油1 500～2 000倍液、25%嘧菌酯水悬浮剂1 500倍液喷雾，隔7～10d喷1次，连喷2次。也可选用仙生、腈菌唑、翠贝等杀菌剂进行防治。

3.**茎基腐病** 五味子茎基腐病可导致植株茎基部腐烂、根皮脱落，最终整株枯死。随着五味子人工栽培面积的日益扩大，五味子茎基腐病是一种毁灭性的病害，严重影响五味子产业的健康发展。

（1）**症状** 五味子茎基腐病在各年生植株上均有发生（图7-4、图7-5），但以1～3年生发生严重。从茎基部或根、茎交接处开始发病。发病初期叶片萎蔫下垂，似缺水状，但不能恢复，叶片逐渐干枯，最后，地上部全部枯死。在发病初期剥开茎基部皮层，可发现皮层有少许黄褐色，后期病部皮层腐烂、变为深褐色，且极易脱落。病部纵切剖视，维管束变为黑褐色。条件适合时，病斑向上、向下扩展，可导致地下根皮腐烂、脱落。湿度大时病部可见粉红色或白色

图7-4 五味子茎基腐病植株感病状

霉层，挑取少许显微观察，可发现有大量镰刀菌孢子。

（2）**病原** 经分离培养鉴定，该病由4种镰刀菌属真菌引起，分别为木贼镰刀菌（*Fusarium equiseti*）、茄腐镰刀菌（*Fusarium solani*）、尖孢镰刀菌（*Fusarium oxysporum*）和半裸镰刀菌（*Fusarium semitectum*）。这几种菌一般在病株中都可以分离到，在不同地区比例有所差异。

（3）**发病规律** 该病以土壤传播为主。一般在5月上旬至8月下旬均有发生。5月初病害始发，6月初为发病盛期。高温、高湿、多雨的年份发病重，并且雨后天气转晴时病

情呈上升趋势。地下害虫、土壤线虫和移栽时造成的伤口以及根系发育不良均有利于病害发生。冬天持续低温造成冻害易导致次年病害严重发生。生长在积水严重的低洼地中的五味子容易发病。

苗木假植期间土壤中的病原菌容易侵入植株，导致植株携带病原菌。五味子在移栽过程中易造成伤口并且有较长一段时间的缓苗期，在这个期间植株长势很弱，病菌很容易侵染植株。随着生长，韧皮部加厚，枝干变粗，树势增强，病菌难以侵入。但是，在五味子种植区多年生的五味子也有不同程度的发病。在相同栽培条件下，二年生五味子发病最严重，三年生次之，四年生及四年以上的五味子发病最轻。

（4）防治技术

①田间管理。注意田间卫生，及时拔除病株，集中烧毁。用50%多菌灵600倍液灌淋病穴。适当施氮肥，增施磷、钾肥，提高植株抗病力。雨后及时排水，避免田间积水。避免在前茬镰刀菌病害严重的地块上种植五味子。

②种苗消毒。选择健康无病的种苗。栽植前种苗用50%多菌灵600倍液或代森锰锌600倍药液浸泡4h。

③药剂防治。此病应以预防为主。在发病前或发病初期用50%多菌灵可湿性粉剂600倍液喷施，使药液能够顺着枝干流入土壤中，每7～10d喷施1次，连续喷3～4次，或用绿亨1号（噁霉灵）4 000倍液灌根。

图7-6所示五味子茎基腐病防治效果。

图7-5　五味子茎基腐病受害状

图7-6　五味子茎基腐病防治效果

▌ 二、主要虫害

1.**女贞细卷蛾**　女贞细卷蛾是五味子的主要蛀果害虫（图7-7），幼虫串食五味子果实，一年发生2代且具有世代交叠（图7-8），对五味子果实危害极大，危害严重的五味子园浆果受害率达20%以上，严重影响五味子的产量和品质。

（1）危害状　以幼虫危害五味子果实、果穗梗、种子（图7-9、图7-10）。幼虫蛀入果实在果面上形成1～2mm疤痕，取食果肉，虫粪排在果外，受害果实变褐腐烂，呈黑色、干枯，僵果留在果穗上。幼虫啃食果穗梗形成长短不规则凹痕。幼虫取食果肉到达种子后，咬破种皮，取食种仁，整个果实仅剩果皮和种壳，致使产量下降、药用品质变劣。

（2）形态特征　女贞细卷蛾（*Eupoecilia ambiguella* Hübner）属鳞翅目卷蛾科。成虫头部有淡黄色丛毛，触角褐色，唇须前伸，第二节膨大，有长鳞毛，第三节短小，外侧褐色、内侧黄色。雄蛾体长6～7mm，翅展10～12mm；雌蛾体长8～9mm，翅展12～14mm。前翅前缘平展，外缘下斜，前翅银黄色，中央有黑褐色宽中带1条，后翅

图7-7　女贞细卷蛾成虫

图7-8　女贞细卷蛾世代交叠

图7-9　女贞细卷蛾一代幼虫危害状

图7-10　女贞细卷蛾二代幼虫危害状

灰褐色。前、中足胫及跗节褐色，有白斑；后足黄色，跗节上有淡褐斑。卵近椭圆形，0.6～0.8mm，扁平，中间凸起，初产时淡黄色，半透明，近孵化期显现出黑色头壳。初龄幼虫淡黄色。老熟幼虫浅黄色至桃红色，少见灰黄色，体长9～12mm，头较小，黄褐色至褐色，前胸背板黑色，臀板浅黄褐色，臀栉发达，为5～7个。蛹体长6～8mm，浅黄至黄褐色，第一腹节背面无刺，第2～7节前缘有一列较大的刺、后缘有一列较小的刺，第八腹节背面只有一列较大的刺，末端有钩状刺毛8～10枚。

（3）**发生规律**　调查结果表明，女贞细卷蛾主要以蛹卷叶落于地表越冬。越冬代成虫于5月中下旬出现，5月下旬至6月上旬为羽化盛期，6月下旬为末期。成虫5月中下旬开始产卵，产卵盛期为5月下旬至6月上旬，6月初进入卵孵化盛期。第一代幼虫5月下旬开始蛀果，6月上中旬为危害盛期，7月中旬进入危害末期。6月中旬幼虫逐渐老熟化蛹，6月下旬开始羽化，并始见第二代卵，7月上中旬羽化盛期，一直持续到8月下旬停止羽化。产卵盛期7月上中旬，8月上中旬为产卵末期。第二代幼虫7月上旬开始蛀果，7月下旬至8月上旬为危害盛期，8月下旬五味子采收期果内尚有未老熟的幼虫。

（4）**防治技术**　防治女贞细卷蛾可用灯光诱杀成虫，如利用黑光灯诱杀成虫，及时摘除虫果深埋。当田间观测卵果率达0.5%～1.0%时，用2.5%氟氯氰菊酯乳油或2.5%高效氯氟氰菊酯乳油3 000～4 000倍液喷施，15～20d 1次，整个生育期喷施2～4次，防治效果可达90%以上。

2.蝙蝠蛾

（1）**危害状**　此害虫以其幼虫（图7-11）危害幼树枝干，直接蛀入树干或树枝，啃食木质部及蛀孔周围的韧皮部，绝大多数向下蛀食坑道，边蛀食边用口器将咬下的木屑送出粘于坑道口的丝网上，从外观可见由丝网粘满木屑缀成的木屑包。幼虫隐蔽在坑道中生活，其蛀孔常在树干下部、枝杈或腐烂的皮孔处，不易被发现。又因其钻蛀性强、造成坑道面积较大，致使果实产量质量降低。尤其对幼树危害最重，轻则阻滞养分、水分的输送，造成树势衰弱，重则失去主枝，且常因虫孔原因，使雨水进入而引起病腐。图7-12、图7-13示蝙蝠蛾危害状。

图7-11　蝙蝠蛾幼虫　　　　　　　　　图7-12　蝙蝠蛾危害状

图7-13 蝙蝠蛾危害造成大量植株死亡

（2）**形态特征** 蝙蝠蛾（*Phassus excrescens* Butler）属鳞翅目，蝙蝠蛾科。成虫茶褐色，翅长66～70mm。触角较短，后翅狭小，腹部长大。体色变化较大，初羽化的成虫由绿褐色到粉褐色，稍久变成茶色。前翅前缘有7枚近环状的斑纹，中央有一个深色稍带绿色的三角形斑纹，斑纹的外缘由并列的模糊不清的括弧形斑纹组成一条宽带，直达翅缘。前、中足发达，爪较长，借以攀缘物体。雄蛾后足腿节背后长有橙黄色刷状长毛，雌蛾则无。卵球形，0.6～0.7mm，初产下时乳白色，渐变深，无黏着性，散落于地表。幼虫头部蜕皮时红褐色，以后变成黑褐色，腹部为乳白色，圆筒形，各节背面生有黄褐色硬化的毛斑，成熟幼虫体长平均50mm。蛹圆筒形，黄褐色，头顶深褐色，中央隆起，形成一条纵脊，两侧生有数根刚毛，触角上方中央有4个角状突起；腹部背面有倒刺。

（3）**发生规律** 调查结果表明，蝙蝠蛾以卵在地面越冬或以幼虫在树干或枝条的髓心部越冬。卵于第二年5月中旬开始孵化。初龄幼虫以腐殖质为食，6月上旬向当年新发嫩枝转移危害10～15d，即陆续迁移到粗的侧枝上危害，7月末开始化蛹，8月下旬开始出现成虫，9月中旬为羽化盛期。成虫羽化后就开始产卵，以卵越冬。

调查中发现，幼虫主要钻蛀主干基部，多数在枝径2cm左右的侧枝上危害，也有的在主干中部危害。一般一株树1头，各自的虫道平行发展，有的在髓部，也有的在木质部。幼虫啃食虫道口边材，虫道口常呈现环形凹陷，有咬下的木屑和幼虫排泄物。其危害与树龄、树势管理有很大关系。管理粗放、种植密度大的园区受害重；山脚、山谷受害重，背风处受害重，阴坡比阳坡受害重；幼龄树比成年树受害重。

（4）**防治技术** 进入7月是杀灭蝙蝠蛾幼虫的关键期，用80％敌敌畏乳油500倍液注入钻蛀孔中后封洞，杀虫效果显著。利用黑光灯诱杀成虫。

3.芳香木蠹蛾 芳香木蠹蛾（*Cossus cossus* Linnaeus）又名杨木蠹蛾，多为害杨、柳、榆、核桃、苹果、梨等植物。随着五味子栽培面积的不断扩大，该虫已经成为五味子的主要虫害之一（艾军，2010）。在五味子主产区，危害严重的栽培园植株死亡率达10%以上。

（1）**危害状** 芳香木蠹蛾（*Cossus cossus* Linnaeus）在吉林省3年完成1代。第一年以幼虫群聚在被害树的地上部主蔓的皮层下危害（图7-14），啃食皮层及木质部组织，在树皮裂缝处排出细而均匀松碎的褐色木屑，木质部表面蛀成槽状蛀坑，与皮层分离，极易剥落，造成植株地上部干枯死亡。幼虫在当年9月中、下旬发育到8～10龄，转移到植株的地下，在根茎部位或土壤中越冬。第二年春季先群聚危害，随着虫龄增加进而分散危害，潜伏在地下蛀食植株的根茎及粗根，可造成全株死亡，危害严重（图7-15）。

（2）**形态特征** 芳香木蠹蛾成虫胸背褐色，披黄褐色鳞片，前翅布满黑褐色短横线，后翅不及前翅明显，体灰褐色粗壮（图7-16）。雌蛾体长33mm左右，展翅70mm左右，雄蛾略小。卵近卵圆形，长1.1mm，宽1.0mm，表面有纵棱及黑褐色纹（图7-17）。初产时呈乳白色，孵化前暗褐色。老幼虫体长70～90mm，体粗壮、略扁平，头部黑色，前胸背板深黄色，体背红紫色，有光泽，体侧红黄色。幼虫受惊扰后，能分泌出特殊的芳

图7-14 芳香木蠹蛾第一年幼虫地上危害状

图7-15 芳香木蠹蛾危害状

图7-16 芳香木蠹蛾成虫

图7-17 芳香木蠹蛾卵

香气味。蛹体长35～40mm，红褐色，腹节背面各有两列刺，前列比后列较粗。茧长椭圆形，长60mm左右，由丝粘土粒成土茧。

（3）**发生规律**　该虫种多数为3年发生1代（少数为4年发生1代），第一年以幼虫在五味子的根茎和土壤中越冬（图7-18），第二年幼虫离开根茎在土中越冬，第三年7月上旬至7月中旬为成虫羽化期，7月中旬为羽化盛期。成虫将卵产于树干分杈处、枝蔓的树皮裂缝及伤口处。卵期10～15d。初孵幼虫群集蛀食枝蔓的韧皮部，后蛀食木质部，在被害处排出白色或赤色木屑。当年幼虫于9月下旬开始转移到植株的地下，在根茎部位或土壤中越冬。次年5月至9月幼虫先群聚危害，随着虫龄增加进而分散危害，蛀食五味子植株的根茎及粗根，9月中下旬幼虫由蛀道爬出，在土中作圆盘形薄茧越冬（图7-19）。第三年春天越冬幼虫重新作长圆形茧化蛹（图7-20），7月可见成虫，成虫具有趋光性。

（4）**防治技术**　利用黑光灯诱杀成虫。7月下旬至8月上中旬是杀灭芳香木蠹蛾幼虫的关键期，用2.5%氟氯氰菊酯乳油或2.5%高效氯氟氰菊酯乳油3 000～4 000倍液喷施，可有效防除孵化幼虫。观察植株主蔓处是否有幼虫蛀食痕迹，如发现，可将蛀食部位清除，连同幼虫一起销毁。

图7-18　芳香木蠹蛾第一年幼虫集中越冬

图7-19　芳香木蠹蛾越冬茧

图7-20　芳香木蠹蛾茧及蛹

三、药害及霜冻

1. 药害

（1）发生原因　五味子药害主要由于除草剂飘移引起，目前引起五味子发生药害的主要为 2,4-滴丁酯等农田除草剂。植株症状明显，如枯萎、卷叶、落花、落果、失绿、生长缓慢等（图 7-21、图 7-22），生育期推迟，重症植株死亡。2,4-滴丁酯是目前玉米等禾本科农作物广为使用的除草剂。2,4-滴丁酯（英文通用名为 2,4-滴 butylate）为苯氧乙酸类激素型选择性除草剂，具有较强的挥发性，药剂雾滴可在空中飘移很远，使敏感植物受害。根据实地调查发现，在静风条件下，2,4-滴丁酯产生的飘移可使 200m 以内的敏感植物产生不同程度的药害；在有风的条件下，它还能够越过像大堤之类的建筑，其药液飘移距离可达 1 000m 以上。

图 7-21　农药飘移危害

图 7-22　农药飘移危害

（2）预防对策及补救措施

①搞好区域种植规划。在种植作物时要统一规划，合理布局。五味子要集中连片种植，最好远离玉米等作物。在临近五味子园 2 000m 以内严禁用具有飘移药害的除草剂进行化学除草，在安全距离之内也要在无风低温时使用。

②施药方法要正确。玉米田使用除草剂要选择无风或微风天气，用背负式手动喷雾器高容量均匀喷洒，施药时应尽量压低喷头，或喷头上加保护罩做定向喷洒，一般每 667m² 用水 40 ~ 50kg。

③及时排毒。注意邻近田间除草剂使用动向，飘移性除草剂使用量过大时要尽早采取排毒措施，方法是在第一时间用水淋洗植株，减少粘在植株上的药物。

④使用叶面肥及植物生长调节剂。一旦发现五味子发生轻度药害，应及时有针对

性地喷洒叶面肥及植物生长调节剂。植物生长调节剂对农作物的生长发育有很好的刺激作用，同时，还可利用锌、铁、钼等微肥及叶面肥促进作物生长，有效减轻药害。一般情况下，药害出现后，可喷施0.3%尿素、0.3%磷酸二氢钾等速效肥料，促进五味子生长，提高抗药能力。常用植物生长调节剂主要有赤霉素、天丰素等，药害严重时可喷施10～40mg/L的赤霉素或1.0mg/L的天丰素，连喷2～3次，并及时追肥浇水，可有效加速受害作物恢复生长。

2.霜冻危害　大面积人工栽培的五味子因园地选择、栽培技术或气候条件等因素导致的霜冻伤害对产量影响很大。

（1）**症状**　东北五味子产区每年都发生不同程度的霜冻危害（图7-23）。轻者枝梢受冻，重者可造成全株死亡。受害叶片初期出现不规则的小斑点，随后斑点相连，发展成斑驳不均的大斑块，叶片褪色，叶缘干枯。发生后期幼嫩的新梢严重失水萎蔫，组织干枯坏死，叶片干枯脱落，树势衰弱。

图7-23　五味子冻害

（2）**发生原因**　首先是气温的影响。春季五味子萌芽后，若夜间气温急剧下降，水气凝结成霜使植株幼嫩部分受冻。其次，霜冻与地形也有一定的关系，由于冷空气比重较大，故低洼地常比平地降温幅度大，持续时间也更长，有的五味子园因选在霜道上，或是选在冷空气容易凝聚的沟底谷地，则很容易受到晚霜的危害。

（3）**发生规律**　3～5月为霜冻的发生高峰期。在辽东山区每年5月都有一场晚霜，此间低洼地栽培的五味子易受冻害。不同的五味子品种，其耐受能力有所不同，萌芽越早的品种受晚霜危害越重，减产幅度也越大。树势强弱与冻害也有一定关系，弱树受冻比健壮树严重；枝条越成熟，木质化程度越高，含水量越少，细胞液浓度越高，积累淀粉也越多，耐霜冻能力越强。另外，管理措施不同，五味子的受害程度也不同。土壤湿度较大，实施喷灌的五味子园受害较轻，而不浇水的园区一般受害严重。

（4）**防治技术**

①科学建园。选择向阳缓坡地或平地建园，要避开霜道和沟谷，以避免和减轻晚霜危害。

②地面覆盖。利用玉米秸秆等覆盖五味子根部，阻止土壤升温，推迟五味子展叶和开花时期，避免晚霜危害。

③烟熏保温。在五味子萌芽后，要注意收听当地的气象预报，在有可能出现晚霜的夜晚当气温下降到1℃时，点燃堆积的潮湿的树枝、树叶、木屑等，上面覆盖一层土以延长燃烧时间。放烟堆要在果园四周和作业道上，要根据风向在上风口多设放烟堆，以便烟气迅速布满果园。

④喷灌保温。根据天气预报可采取地面大量灌水、植株冠层喷灌保温等措施。

⑤喷施药肥。生长季节合理施氮肥，促进枝条生长，保证树体生长健壮，后期适量施用磷钾肥，促使枝条及早结束生长，有利于组织充实，延长营养物质积累时间，从而能更好地进行抗寒锻炼。喷施防冻剂和磷钾肥，可预防2～5℃低温5～7d。

第八章　五味子代表性种质资源

种质资源的广泛收集、妥善保存、深入研究及积极创新等工作都应服务于"充分利用"这一中心任务，优异的种质本身是实现种质资源工作目标的关键。我国在五味子种质资源收集、保存、鉴定评价及种质创新领域开展了大量工作，为五味子种质资源的充分利用和品种选育奠定了坚实的基础。本章中对部分具有代表性的五味子种质资源进行系统描述，希望能够反映出五味子种质资源丰富的遗传多样性，也为五味子种质资源的高效利用提供借鉴。

┃1.嫣红┃

种质名称：嫣红（图8-1）
原产地（收集地）：吉林省磐石市石咀乡碾盘村
种质类型：选育品种
选育单位：中国农业科学院特产研究所
选育方法：资源收集
系谱：无
选育年份：2012年
观察地点：吉林市左家镇
形态特征及生物学特性：初萌幼芽绿带赭红色，新梢节间绿具红色，成熟枝条表面红褐色，皮孔梭形或椭圆形；成龄叶片为卵圆形，叶尖为急尖，叶基楔形，叶脉无糙毛，上表面深绿色，下表面灰绿色无光泽，叶柄红色；叶长11.3cm，叶宽6.2cm，叶柄长2.0cm；单性花，花蕾圆柱形，内轮花被片腹面基部1/2 ~ 2/3红色，雌花心皮数31.0，雄花花药数6.4枚，花冠径1.7cm，幼穗颜色红色；种子黄褐色，种子千粒重29.4g。4月下旬萌芽，5月下旬开花，9月上旬成熟。
果实特征及品质特性：穗柄颜色绿色，浆果颜色红色，果托颜色红色，果穗紧密度中，果粒腺点少，果穗长6.3cm，果穗重18.1g，果粒重0.6g；果实可溶性固形物含量13.5%，含酸量6.42%，五味子醇甲含量0.56%。
抗逆性：抗五味子黑斑病。

新梢

成熟枝条

初萌幼芽

叶片

花朵

花蕾

幼穗

结果状

果穗及叶片

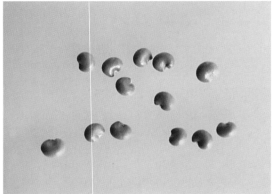

种子

图8-1　嫣红形态特征

| 2.金五味1号 |

种质名称：金五味1号（图8-2）

原产地（收集地）：辽宁省宽甸县永甸镇机匠沟村

种质类型：选育品种

选育单位：中国农业科学院特产研究所

选育方法：实生选种

系谱：无

选育年份：2016年

观察地点：吉林市左家镇

形态特征及生物学特性：初萌幼芽绿色，新梢节间绿具红色，成熟枝条表面黄褐色，皮孔椭圆形；成龄叶片为卵圆形，叶尖为急尖或尾尖，叶基楔形，叶脉无糙毛，上表面绿色，下表面灰绿色无光泽，叶柄红色；叶长10.3cm，叶宽7.3cm，叶柄长1.7cm；单性花，花蕾卵圆形，内轮花被片腹面基部1/2～2/3红色，雌花心皮数45.7，雄花花药6.2枚，花冠径1.8cm，幼穗颜色绿带浅红；种子黄褐色，种子千粒重28.6g；4月下旬萌芽，5月下旬开花，9月上旬成熟。

果实特征及品质特性：穗柄颜色褐色或绿色，浆果颜色橙黄色，果托颜色黄褐色，果穗紧密度中，果粒腺点少，果穗长8.1cm，果穗重21.1g，果粒重0.8g；果实可溶性固形物含量9.9%，果实含酸量5.60%，五味子醇甲含量0.87%。

抗逆性：抗五味子黑斑病。

新梢

成熟枝条

初萌幼芽

叶片 　　　　　　　　　　　　花朵

花蕾 　　　　　　　　　　　　幼穗

果穗及叶片 　　　　　　　　　　结果状

图 8-2　金五味 1 号形态特征

| 3.早红 |

种质名称：早红（图8-3）

原产地（收集地）：吉林省磐石市石咀乡碾盘村

种质类型：品系

选育单位：中国农业科学院特产研究所

选育方法：资源收集

系谱：无

选育年份：1998年

观察地点：吉林市左家镇

形态特征及生物学特性：初萌幼芽红褐色，新梢节间绿具红色，成熟枝条表面灰褐色，皮孔椭圆形；成龄叶片为长椭圆形，叶尖为急尖或尾尖，叶基楔形，叶脉无糙毛，上表面绿色，下表面灰绿色无光泽，叶柄红色；叶长11.3cm，叶宽6.1cm，叶柄长2.8cm；单性花，花蕾圆柱形，内轮花被片腹面基部1/2到2/3红色，雌花心皮数32.3，雄花花药

6.2枚，花冠径1.4cm，幼穗颜色绿带浅红色；种子红褐色，种子千粒重23.5g；4月下旬萌芽，5月下旬开花，8月下旬成熟。

果实特征及品质特性：穗柄颜色绿色，浆果颜色红色，果托颜色红色，果穗紧密度中，果粒腺点少，果穗长8.5cm，果穗重23.2g，果粒重1.0g；果实可溶性固形物含量12.0%，含酸量4.85%，五味子醇甲含量0.42%。

抗逆性：高抗五味子黑斑病。

新梢

成熟枝条

初萌幼芽

叶片

花朵及花蕾

幼穗

结果状

果穗及叶片

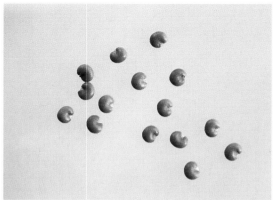

种子

图8-3 早红形态特征

| 4. 铁岭 0601 |

种质名称：铁岭 0601（图 8-4）

原产地（收集地）：辽宁省铁岭市熊官屯镇小白梨村

种质类型：品系

选育单位：中国农业科学院特产研究所

选育方法：实生选种

系谱：无

选育年份：2006 年

观察地点：吉林市左家镇

形态特征及生物学特性：初萌幼芽绿色，新梢节间绿色，成熟枝条表面黄褐色，皮孔形状不规则形；成龄叶片为卵圆形，叶尖为急尖或尾尖，叶基楔形，叶脉无糙毛，上表面绿色，下表面灰绿色无光泽，叶柄绿色；叶长 10.5cm，叶宽 6.6cm，叶柄长 2.2cm；单性花，花蕾卵圆形，内轮花被片腹面白色，雌花心皮数 39.0，雄花花药数 6.8，花冠径 1.2cm，幼穗绿色；种子黄褐色，种子千粒重 31.1g；4 月下旬萌芽，5 月下旬开花，9 月上旬成熟。

果实特征及品质特性：穗柄颜色绿色，浆果颜色黄白，果托颜色绿色，果穗紧密度松，果粒腺点少，果穗长 7.2cm，果穗重 17.4g，果粒重 0.7g；果实可溶性固形物含量 8.6%，含酸量 4.10%，果实五味子醇甲含量 0.66%。

抗逆性：对五味子黑斑病抗性为感病。

新梢

成熟枝条

初萌幼芽

叶片

花朵

花蕾

幼穗

结果状

果穗及叶片

种子

图8-4　铁岭0601形态特征

| 5.集安1401 |

种质名称：集安1401（图8-5）

原产地（收集地）：吉林省集安市山城子村

种质类型：品系

选育单位：中国农业科学院特产研究所

选育方法：实生选种

系谱：无

选育年份：2014年

观察地点：吉林市左家镇

形态特征及生物学特性：初萌幼芽绿带赭红色，新梢节间绿具红色，成熟枝条表面暗褐色，皮孔不规则形；成龄叶片为椭圆形，叶尖渐尖或尾尖，叶基楔形或圆形，叶脉无糙毛，上表面绿色，下表面灰绿，叶柄红色；叶长9.8cm，叶宽5.9cm，叶柄长2.3cm；单性花，花蕾卵圆形，内轮花被片腹面基部1/2到2/3红色，雌花心皮数28.0，雄花花药数4.6，花冠径1.4cm，幼穗颜色绿色；种子褐色，种子千粒重23.3g；4月下旬萌芽，5月下旬开花，9月上旬成熟。

果实特征及品质特性：穗柄颜色绿色，浆果颜色粉红色，果托颜色粉红色，果穗紧密度松，果粒腺点少，果穗长6.7cm，果穗重14.1g，果粒重0.6g；果实可溶性固形物含量11.4％，含酸量4.10％，五味子醇甲含量0.67％。

抗逆性：抗五味子黑斑病。

新梢

成熟枝条

初萌幼芽

叶片

花朵

花蕾

幼穗

结果状

果穗及叶片

种子

图8-5　集安1401形态特征

| 6. 通化0869 |

种质名称：通化0869（图8-6）

原产地（收集地）：吉林省通化县大泉源乡江口村

种质类型：品系

选育单位：中国农业科学院特产研究所

选育方法：实生选种

系谱：无

选育年份：2008年

观察地点：吉林市左家镇

形态特征及生物学特性：初萌幼芽绿色，新梢节间绿具红色，成熟枝条表面红褐色，皮孔梭形；成龄叶片为卵圆形，叶尖为急尖，叶基楔形，叶脉无糙毛，上表面绿色，下表面灰绿色无光泽，叶柄红色；叶长10.3cm，叶宽6.6cm，叶柄长1.9cm；单性花，花蕾卵圆形，内轮花被片腹面基部2/3以上红色（花被片背面亦着色），雌花心皮数29.0，雄花花药数5.4，花冠径1.5cm，幼穗颜色绿色；种子黄褐色，种子千粒重35.1g；4月下旬萌芽，5月下旬开花，9月上旬成熟。

果实特征及品质特性：穗柄颜色绿色，浆果颜色紫红色，果托颜色红色，果穗紧，果粒腺点密，果穗长7.7cm，果穗重33.0g，果粒重1.1g；果实可溶性固形物含量11.0%，五味子醇甲含量0.52%。

抗逆性：高抗五味子黑斑病。

新梢

成熟枝条

初萌幼芽

叶片

花朵

花蕾

幼穗

结果状

种子

图8-6　通化0869形态特征

| 7. 通化 0831 |

种质名称：通化 0831（图 8-7）

原产地（收集地）：吉林省通化县大泉源乡江口村

种质类型：品系

选育单位：中国农业科学院特产研究所

选育方法：实生选种

系谱：无

选育年份：2008 年

观察地点：吉林市左家镇

形态特征及生物学特性：初萌幼芽绿带赭红色，新梢节间绿具红色，成熟枝条表面灰褐色，皮孔不规则形；成龄叶片为卵圆形，叶尖为急尖，叶基楔形，叶脉无糙毛，上表面绿色，下表面灰绿色无光泽，叶柄红色；叶长 12.2cm，叶宽 6.3cm，叶柄长 1.9cm；单性花，花蕾长圆柱形，内轮花被片腹面基部 1/3 以下红色，雌花心皮数 23.3，雄花花药数 6.4，花冠径 1.6cm，幼穗颜色绿色；种子红褐色，种子千粒重 33.9g；4 月下旬萌芽，5 月下旬开花，9 月上旬成熟。

果实特征及品质特性：穗柄颜色绿色，浆果颜色红色，果托颜色红色，果穗松紧度中，果粒腺点少，果穗长 9.3cm，果穗重 30.0g，果粒重 0.9g；果实可溶性固形物含量 8.0%，五味子醇甲含量 0.69%。

抗逆性：抗五味子黑斑病。

新梢

成熟枝条

初萌幼芽

叶片

花朵

花蕾

幼穗

结果状

种子

图8-7 通化0831形态特征

|8.通化0812|

种质名称：通化0812（图8-8）

原产地（收集地）：吉林省通化县大泉源乡江口村

种质类型：品系

选育单位：中国农业科学院特产研究所

选育方法：实生选种

系谱：无

选育年份：2008年

观察地点：吉林市左家镇

形态特征及生物学特性：初萌幼芽绿带赭红色，新梢节间绿具红色，成熟枝条表面灰褐色，皮孔不规则形；成龄叶片为卵圆形，叶尖为急尖，叶基楔形，叶脉无糙毛，上表面绿色，下表面灰绿色无光泽，叶柄红色；叶长12.0cm，叶宽7.7cm，叶柄长1.9cm；单性花，花蕾长圆柱形，内轮花被片腹面基部1/3以下红色，雌花心皮数27.8，雄花花药数5.6，花冠径1.4cm，幼穗颜色绿色；种子红褐色，种子千粒重29.8g；4月下旬萌芽，5月下旬开花，9月上旬成熟。

果实特征及品质特性：穗柄颜色绿色，浆果颜色红色，果托颜色红色，果穗松紧度中，果粒腺点少，果穗长8.5cm，果穗重27.3g，果粒重0.8g；果实可溶性固形物含量12.0%，五味子醇甲含量0.73%。

抗逆性：高抗五味子黑斑病。

新梢

成熟枝条

初萌幼芽

叶片

花朵

花蕾

幼穗

结果状

图8-8　通化0812形态特征

| 9.通化0832 |

种质名称：通化0832（图8-9）

原产地（收集地）：吉林省通化县大泉源乡江口村

种质类型：品系

选育单位：中国农业科学院特产研究所

选育方法：实生选种

系谱：无

选育年份：2008年

观察地点：吉林市左家镇

形态特征及生物学特性：初萌幼芽绿色，新梢节间红色，成熟枝条表面灰褐色或红褐色，皮孔椭圆形或不规则形；成龄叶片为阔卵圆形，叶尖为急尖或尾尖，叶基楔形，叶脉无糙毛，上表面绿色，下表面灰绿色无光泽，叶柄红色；叶长12.0cm，叶宽7.6cm，叶柄长2.4cm；单性花，花蕾长圆柱形，内轮花被片腹面基部2/3以上红色，雌花心皮数23.3，雄花花药数6.4，花冠径1.6cm，幼穗颜色绿带红色；种子灰褐色，种子千粒重34.4g；4月下旬萌芽，5月下旬开花，9月上旬成熟。

新梢

果实特征及品质特性：穗柄颜色绿色，浆果颜色粉红色，果托颜色粉红色，果穗松紧度中，果粒腺点少，果穗长7.3cm，果穗重24.2g，果粒重1.0g；果实可溶性固形物含量10.0%，五味子醇甲含量0.57%。

抗逆性：抗五味子黑斑病。

成熟枝条

初萌幼芽

叶片

花朵

花蕾

幼穗

果穗及叶片

结果状

图8-9　通化0832形态特征

|10. 通化0842 |

种质名称：通化0842（图8-10）

原产地（收集地）：吉林省通化县大泉源乡江口村

种质类型：品系

选育单位：中国农业科学院特产研究所

选育方法：实生选种

系谱：无

选育年份：2008年

观察地点：吉林市左家镇

形态特征及生物学特性：初萌幼芽赭红色，新梢节间绿具红色，成熟枝条表面黄褐色，皮孔长梭形或椭圆形；成龄叶片为长卵圆形，叶尖为尾尖，叶基楔形，叶缘为浅锯齿，叶脉无糙毛，上表面黄绿色，下表面灰绿色无光泽，叶柄红色；叶长11.8cm，叶宽7.0cm，叶柄长2.6cm；单性花，花蕾卵圆形，内轮花被片腹面基部1/3以下红色，雌花心皮数26.7，雄花花药数5.2，花冠径1.5cm，幼穗颜色绿带红色；种子红褐色，种子千粒重29.2g；4月下旬萌芽，5月下旬开花，9月上旬成熟。

果实特征及品质特性：穗柄颜色绿色或绿带红色，浆果颜色红色，果托颜色红色，果穗松紧度中，果粒腺点少，果穗长5.9cm，果穗重18.2g，果粒重0.7g；果实可溶性固形物含量13.0%，含酸量4.70%，五味子醇甲含量0.73%。

抗逆性：抗五味子黑斑病。

新梢

成熟枝条

初萌幼芽

叶片

花朵

花蕾

幼穗

结果状

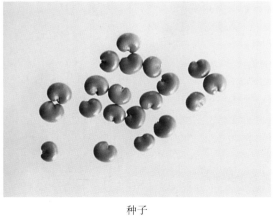

种子

图8-10 通化0842形态特征

| 11. 通化0814 |

种质名称：通化0814（图8-11）

原产地（收集地）：吉林省通化县大泉源乡江口村

种质类型：品系

选育单位：中国农业科学院特产研究所

选育方法：实生选种

系谱：无

选育年份：2008年

观察地点：吉林市左家镇

形态特征及生物学特性：初萌幼芽绿带赭红色，新梢节间绿具红色，成熟枝条表面灰褐色，皮孔椭圆形；成龄叶片为卵圆形，叶尖为急尖或尾尖，叶基园形，叶缘为浅锯齿，叶脉无糙毛，上表面深绿色，下表面灰绿色无光泽，叶柄红色；叶长11.6cm，叶宽7.2cm，叶柄长1.7cm；单性花，花蕾长圆柱形，内轮花被片腹面基部2/3以上红色，雌花心皮数27.3，雄花花药数5.0，花冠径1.1cm，幼穗颜色绿带红色；种子黄褐色，种子千粒重35.6g；4月下旬萌芽，5月下旬开花，9月上旬成熟。

果实特征及品质特性：穗柄颜色绿色，浆果颜色红色，果托颜色红色，果穗松紧度中，果粒腺点少，果穗长7.8cm，果穗重20.6g，果粒重0.9g；果实可溶性固形物含量11.0%，含酸量4.40%，五味子醇甲含量1.04%。

抗逆性：抗五味子黑斑病。

新梢

成熟枝条

初萌幼芽

叶片

花朵

花蕾

幼穗

结果状

种子

图8-11 通化0814形态特征

| 12. 通化 0856 |

种质名称： 通化 0856（图 8-12）

原产地（收集地）： 吉林省通化县大泉源乡江口村

种质类型： 品系

选育单位： 中国农业科学院特产研究所

选育方法： 实生选种

系谱： 无

选育年份： 2008 年

观察地点： 吉林市左家镇

形态特征及生物学特性： 初萌幼芽绿带赭红色，新梢节间绿具红色，成熟枝条表面灰褐色，皮孔椭圆形；成龄叶片为卵圆形，叶尖为尾尖或急尖，叶基圆形，叶缘为浅锯齿，叶脉无糙毛，上表面深绿色，下表面灰绿色无光泽，叶柄红色；叶长 10.8cm，叶宽6.7cm，叶柄长 1.6cm；单性花，花蕾卵圆形，内轮花被片腹面基部 1/3 以下红色，雌花心皮数 36.3，雄花花药数 9.2，花冠径 1.6cm，幼穗颜色绿色；种子红褐色，种子千粒重27.6g；4 月下旬萌芽，5 月下旬开花，9 月上旬成熟。

果实特征及品质特性： 穗柄颜色绿色，浆果颜色橙红色，果托颜色粉红色，果穗松紧度松，果粒腺点少，果穗长 7.5cm，果穗重 6.4g，果粒重 0.5g；果实可溶性固形物含量10.0%，五味子醇甲含量 0.73%。

抗逆性： 对五味子黑斑病抗性为感病。

新梢

初萌幼芽

叶片

花朵

花蕾

幼穗

结果状

图8-12　通化0856形态特征

| 13. 通化0847 |

种质名称：通化0847（图8-13）

原产地（收集地）：吉林省通化县大泉源乡江口村

种质类型：品系

选育单位：中国农业科学院特产研究所

选育方法：实生选种

系谱：无

选育年份：2008年

观察地点：吉林市左家镇

形态特征及生物学特性：初萌幼芽绿带赭红色，新梢节间绿具红色，成熟枝条表面灰褐色，皮孔长梭形或椭圆形；成龄叶片为长卵圆形，叶尖为尾尖，叶基楔形，叶缘为全缘或浅锯齿，叶脉无糙毛，上表面黄绿色，下表面灰绿色无光泽，叶柄红色；单性花，花蕾卵圆形，内轮花被片腹面基部1/3～1/2红色，雌花心皮数31.7，雄花花药数5.0，花冠径1.3cm，幼穗颜色绿带红色；种子黄褐色，种子千粒重37.7g；4月下旬萌芽，5月下旬开花，9月中下旬成熟。

果实特征及品质特性：穗柄颜色绿色，浆果颜色红色，果托颜色红色，果穗松紧度紧，果粒腺点多，果穗长7.7cm，果穗重28.6g，果粒重0.9g；果实可溶性固形物含量7.0%，五味子醇甲含量0.87%。

抗逆性：抗五味子黑斑病。

新梢

成熟枝条

初萌幼芽

叶片

花朵及花蕾

幼穗

结果状

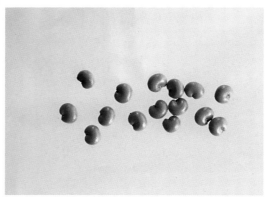

种子

图8-13　通化0847形态特征

|14.通化0834|

种质名称：通化0834（图8-14）

原产地（收集地）：吉林省通化县大泉源乡江口村

种质类型：品系

选育单位：中国农业科学院特产研究所

选育方法：实生选种

系谱：无

选育年份：2008年

观察地点：吉林市左家镇

形态特征及生物学特性：初萌幼芽绿带赭红色，新梢节间绿具红色，成熟枝条表面黄褐色，皮孔长梭形；成龄叶片为长卵圆形，叶尖为尾尖，叶基楔形，叶缘为全缘或浅锯齿，叶脉无糙毛，上表面黄绿色，下表面灰绿色无光泽，叶柄红色；叶长11.6cm，叶宽6.9cm，叶柄长2.1cm；单性花，花蕾卵圆形，内轮花被片腹面基部1/3 ～ 1/2红色，雌花心皮数27.7，雄花花药数5.0，花冠径1.4cm，幼穗颜色为绿色；种子红褐色，种子千粒重23.94g；4月下旬萌芽，5月下旬开花，9月上旬成熟。

果实特征及品质特性：穗柄颜色绿色或褐色，浆果颜色红色，果托颜色红色，果穗松紧度中，果粒腺点少，果穗长9.1cm，果穗重28.7g，果粒重0.9g；果实可溶性固形物含量11.0%，五味子醇甲含量0.73%。

抗逆性：抗五味子黑斑病。

新梢

成熟枝条

初萌幼芽

叶片

花朵

花蕾

幼穗

结果状

种子

图8-14　通化0834形态特征

| 15. 通化0828 |

种质名称：通化0828（图8-15）

原产地（收集地）：吉林省通化县大泉源乡江口村

种质类型：品系

选育单位：中国农业科学院特产研究所

选育方法：实生选种

系谱：无

选育年份：2008年

观察地点：吉林市左家镇

形态特征及生物学特性：初萌幼芽绿带黄褐色，新梢节间绿具红色，成熟枝条表面黄褐色或灰褐色，皮孔不规则形；成龄叶片为卵圆形，叶尖为尾尖，叶基楔形，叶缘为全缘或浅锯齿，叶脉无糙毛，上表面黄绿色，下表面灰绿色无光泽，叶柄红色；叶长12.1cm，叶宽8.0cm，叶柄长2.2cm；单性花，花蕾卵圆形，内轮花被片腹面基部1/3～1/2红色，雌花心皮数38.7，雄花花药数5.6，花冠径1.7cm，幼穗颜色为绿带红色；种子灰褐色，种子千粒重32.3g；4月下旬萌芽，5月下旬开花，9月上旬成熟。

果实特征及品质特性：穗柄颜色绿色或褐色，浆果颜色红色，果托颜色红色，果穗松紧度中，果粒腺点密，果穗长6.9cm，果穗重33.4g，果粒重0.9g；果实可溶性固形物含量11.0%，含酸量4.87%，五味子醇甲含量0.48%。

抗逆性：高抗五味子黑斑病。

新梢

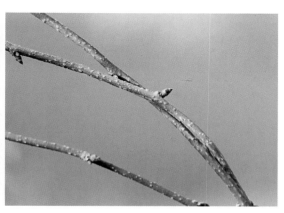

成熟枝条

初萌幼芽

叶片

花朵及花蕾

幼穗

结果状

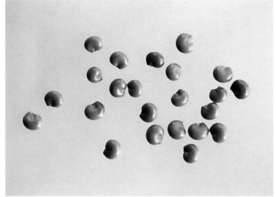

种子

图8-15 通化0828形态特征

主要参考文献

艾军,2007.五味子花芽分化及生理机制研究[D].沈阳:沈阳农业大学.

艾军.2014.五味子栽培与贮藏加工技术[M].北京:中国农业出版社.

艾军,李爱民,王玉兰,等,2000.家植北五味子根系及横走茎状况调查[J].特产研究(1):38-39,51.

艾军,王英平,王志清,等,2007.五味子种质资源雌花心皮数及相关性状研究[J].中草药,38(3):436-439.

艾军,王英平,张庆田,等,2010.芳香木蠹蛾对五味子的为害简报[J].特产研究(2):77.

艾军,王英平,张庆田,等,2011.五味子种质资源果实性状的种内变异研究[J].北方园艺(13):179-182.

胡理乐,张海英,秦岭,等,2012.中国五味子分布范围及气候变化影响预测[J].应用生态学报,23(9):2445-2450.

李爱民,王玉兰,艾军,等,2000.北五味子新品种、红珍珠、选育报告[J].特产研究(4):31-35.

李景惠,何淑岩,柳丽,1980.北五味子天然群丛人工管理经验调查初报[J].特产科学实验(1):26-29.

李亚东,2016.中国小浆果产业发展报告[M].北京:中国农业出版社.

林兴桂,1993.赴海参崴考察报告[J].特产研究(2):42-44.

刘清玮,余春粉,高延辉,等,2009.北五味子主要性状的遗传参数及相关性研究[J].人参研究(1):11-15.

刘旭,李立会,黎裕,等.1998.作物种质资源研究回顾与发展趋势[J].农学学报,8(1):1-6.

刘玉壶,1996.中国植物志:第三十卷,第一分册[M].北京:科学出版社.

刘玉壶,2002.五味子科的分类系统与演化趋势 Ⅱ:五味子属的分类系统及五味子科的演化趋势[J].中山大学学报(自然科学版),41(6):67-72.

刘忠,路安民,林祁,等,2001.五味子属雄花的形态发生及其系统学意义[J].植物学报,43(2):169-177.

彭小兰,董永廉,张锡崇,1989.五味子人工建园及丰产技术[J].林业科技(62):16-18,57.

秦岭,1992.五味子的人工驯化栽培[J].特产科学实验(1):41.

荣涵,2020.不同栽培方式对五味子生长及结果的影响[D].北京:中国农业科学院研究生院.

孙成仁,1993.北五味子与华中五味子分布区订正[J].中国中药杂志,18(1):10-12.

孙丹,王振兴,艾军,等,2020.五味子新品种'金五味1号'选育研究[J].中药材,43(4):787-790.

特列古波夫,叶马舍夫,1959.北五味子的栽培[M].徐玲,译.北京:中国林业出版社.

王振兴,艾军,张庆田,等,2020.五味子新品种'嫣红'[J].园艺学报,40(12):2555-2556.

张睿,2015.俄罗斯远东试验站果树浆果资源及育种情况[J].黑龙江农业科学(8):173.

郑太坤,1979.北五味子的栽培[J].中草药通讯(6):38-40.

郑太坤,宋家宝,1980.北五味子调查[J].科学通报(14):665-669.

山口陽子,1990.チョウセンゴミシの開花結実特性[C].日本林学会北海道支部論文集(38):73-75.

山口陽子, 1991. チョウセンゴミシの開花結実特性(II)—2年間の性表現の変化—[C]. 日本林学会北海道支部論文集(39): 20-21.

荒瀬輝夫, 岡野哲郎, 内田泰三, 2017. 結実期のチョウセンゴミシ (*Schisandra chinensis*) の生育特性[C]. 信州大学農学部 AFC 報告(15):47-53.

Choi S I, Kang H M, Sato N, 2015. A study of the schisandra production structure in korea[J]. Journal of the Faculty of Agriculture Kyushu University, 60(2): 553-561

Han S H, Jang J K, Ma K H, et al., 2019. Selection of superior resources through analysis of growth characteristics and physiological activity of *Schisandra chinensis* collection[J]. Korean Journal of Medicinal Crop Science, 27(1): 9-16.

图书在版编目（CIP）数据

中国五味子种质资源/艾军等著．—北京：中国
农业出版社，2022.8
　　（中国经济作物种质资源丛书．特色果树种质资源系
列）
　　ISBN 978-7-109-29748-7

　　Ⅰ.①中…　Ⅱ.①艾…　Ⅲ.①五味子-种质资源-中
国　Ⅳ.①S567.102.4

中国版本图书馆CIP数据核字（2022）第130298号

中国农业出版社出版
地址：北京市朝阳区麦子店街18号楼
邮编：100125
责任编辑：黄　宇
版式设计：杜　然　　责任校对：沙凯霖　　责任印制：王　宏
印刷：中农印务有限公司
版次：2022年8月第1版
印次：2022年8月北京第1次印刷
发行：新华书店北京发行所
开本：787mm×1092mm　1/16
印张：6.25
字数：130千字
定价：80.00元